从户型到软装，
装修攻略实用指南

闫海峰　仲怡　著

U0291612

江苏凤凰科学技术出版社

目 录

01 第一章
装修时要做好的功课

改户型，要先学会看懂墙

不少二手房都存在采光差、房间少、格局差等问题，有人买房时还会被忽悠"户型不满意可以改"，等到收房装修时才发现全是承重墙，一面也不能拆。其实改户型不外乎就是拆墙、砌墙，但并不是所有的墙都能随便拆，也不是什么墙都能任意砌。国家法规明文规定承重墙不能随便拆，非承重墙拆改也要谨慎。所以要装修，就一定得先看懂你家房子里的墙。

● 房屋的结构

一般家庭住宅常见三种结构。

首先是砖混结构。20 世纪 90 年代之前的 6 层以下的低矮住宅楼（如筒子楼、工房宿舍楼等）、平房、别墅（图 1-1）、北京胡同房等大多属于此类结构。砖混结构的所有墙体都是承重墙，如果你家房子是这一类，就打消拆墙的念头吧。

图 1-1　砖混结构的房屋

其次是框架结构。这是由梁和柱组成的结构，房屋内的墙体不起承重作用，一般常见于不超过 15 层的高层住宅楼。

最后是框剪结构。框剪结构除了主体是框架结构外，还增加了剪力墙结构，是由梁柱和剪力墙相结合而成的，吸取各自的长处。剪力墙是承受风荷载或地震作用引起的水平荷载的墙体，又称抗风墙或抗震墙。框架与剪力墙的相互作用使得房屋结构更加稳固，所以一般超过 15 层的住宅都是框剪结构（图 1-2）。剪力墙一定不能误拆！如果你家是超高层住宅，墙体中有钢筋的墙一定不能拆。

图 1-2　框剪结构的高层住宅

● 快速辨别承重墙

辨别承重墙的首要方法是看平面图纸（图 1-3）。一般新房开发商都会给住户一份建筑施工图，以便装修时使用。图纸中，黑粗线的部分即承重墙，白色部分为非承重墙，一般以轻质砖、石膏板等简易材料组成，可以视情况拆除。

如果你买的是二手房，没有建筑施工图，除了看房屋结构，还可以通过墙体厚度、敲击声音等来判断。比如根据墙体厚度来判断，一般来讲，承重墙厚度在 25 cm 以上，而非承重墙比较薄，一般在 10 cm 左右。再就是通过敲击声音来判断，如果敲击的是承重墙，声音会比较沉闷，是实心的感觉；非承重墙则回音清脆，有"空声儿"。

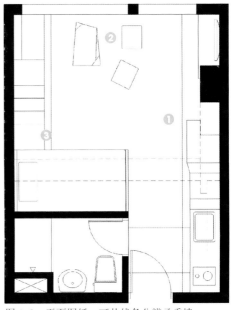

图 1-3　平面图纸，可从线条分辨承重墙

● 承重墙是否可以凿洞

如果不拆承重墙，只是在承重墙上凿洞可以吗？现在不少设计都用到内嵌式结构，比如内置电视墙（图 1-4），或者挖一个壁龛用来储物，又或者做一个嵌入式书架，等等。所以，在承重墙上可以凿洞吗？

应该说，在建楼的时候，承重墙是经过科学计算的，如果过分开孔，会影响墙体的稳固性。除了挂橱柜、打空调孔、钉钉子以外，建议不要在承重墙上大动干戈。

如果特别喜欢内嵌式结构，可以通过砌墙加厚墙体或者定制满墙壁柜来实现嵌入式书架、电视柜、置物架等。

图 1-4　内置电视墙

● 拆除非承重墙需要注意的问题

事实上，即便是非承重墙，也要谨慎拆除。非承重墙实际为抗震墙，拆改要请专业团队设计施工。拆墙时一定要三思，因为住宅内的非承重墙要承受上面多层墙体的重量，可想而知，拆墙会大大影响楼体的抗震性。

另外，拆墙还会牵扯到水电改造的问题，后期施工很麻烦。比如有些用户想把阳台和客厅打通，虽然接阳台的砖墙从结构上讲不算承重墙（图 1-5），但这样一来，一则牵扯到阳台的防水问题，不能破坏阳台防水层，否则需要重做；二则墙体对阳台也有一定的承重作用，因而不能随意拆改。

图 1-5　客厅和阳台之间的墙（图片来自我图网）

● 砌墙要注意的问题

　　拆墙有这么多禁忌，那么砌墙是否也有需要注意的事项呢？比如通过砌墙增加房间，是否就没问题了呢？

　　通过砌墙改变户型是可以的，但不能在楼板上砌砖墙，因为这样会破坏整个房屋结构，甚至导致楼板开裂坍塌。想要用隔断增加房间（图1-6），可以用轻质砖、龙骨石膏板、推拉门等做隔断，或者定制柜子来实现。

图1-6　用隔断增加房间

● 承重墙真的不能动吗？

　　曾经有人拿了一张全是承重墙结构的户型图，可怜巴巴地问我："就真的拿承重墙没办法了吗？"我想为了保险起见，许多设计师的回答都是一样的："能不动就不动！"

　　不过随着室内设计行业的发展，已经有一些案例成功地改造了承重墙。比如《梦想改造家》中有一个案例，设计师把位于一层带院子的房子改造成了全景花园房，把窗户下面的外墙拆掉，重新做了槽钢加固，实现了两个入户门。

　　然而再强调一遍，理论上承重墙是绝对不可以动的。目前国家有专门的认证机构，只有通过房屋结构鉴定准许拆除才能动工，但必须请专业的建筑团队重新加固，绝对不能私自乱拆。所以，如果怕麻烦、怕花钱、怕产生纠纷的话，还是不要动承重墙为好（图1-7）。

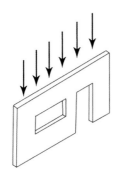
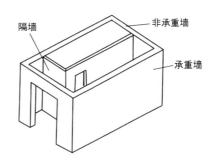

图1-7　承重墙

第二节

不留麻烦：水电改造需注意的问题

水电改造是整个装修过程中最麻烦也最让人头疼的地方。看着装修师傅利落地开槽铺管，用户不禁一脸茫然，脑海中闪过无数个问号："这到底成不成？"然而师傅总是拍着胸脯向用户保证："放心，一点问题都没有！"

真的一点问题都没有吗？我想大部分人可能仍然半信半疑。如果等到水电改造完毕，抹上水泥、贴上瓷砖后再发现问题的话，再想改就真的晚了。所以本节我们就来讲一讲水电改造需要注意的问题。

● 多管布线要保留间距

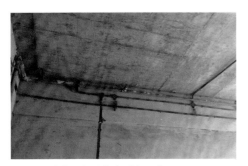

图1-8　线管之间要保留适当距离

粗糙工程：多条线管直接铺设，野蛮封填。

很多家装公司没有可供执行和验收的水电改造具体方法及标准，所以工人为了省事就忽略相应细节，或为了多加钱而绕线，造成水电改造后出现质量问题与安全隐患，还让业主多花不少冤枉钱。

正确施工：在水电施工过程中，当多条线管平行布线时，线管之间一定要保留适当间距（图1-8），这样才能保证后期地面找平及墙面封填线槽时结实牢固，防止墙面和地面出现空鼓开裂。

● 淋浴花洒用一体化冷热水口

粗糙工程：花洒漏水、倾斜、无法安装。

有时候不是装修公司不靠谱，而是由于没有标准化施工规范，导致工人只能凭自己的经验来施工，所以才造成了花洒冷热水口的安装出现各种问题。

正确施工：淋浴花洒要使用一体化冷热水口。在施工过程中，如果使用两个单独的冷热水阀，很容易造成间距误差、水平误差等问题，导致花洒安装后出现渗漏、倾斜等一系列令人头疼的隐患。很多精密高档的花洒因为以上原因无法安装，需重新刨开墙面，调整水管的出水口，非常麻烦。使用一体化冷热水口则可以避免出现这些问题（图1-9）。

图1-9 一体化冷热水口

● 贴瓷砖处开槽封填要用水泥，不用快粘粉

粗糙工程：使用快粘粉省时省力，但后期墙面隐患多。

很多装修公司对使用快粘粉乐此不疲，不管什么情况、出现什么问题，都用快粘粉解决。但事实上，有些地方并不适合使用快粘粉，例如在厨卫墙面、阳台墙面等以后要贴瓷砖的位置，电线底盒和线管回填不能用快粘粉。快粘粉是用石膏材质制成的，由于其有快干特性，不用长时间等待，因此可大大节省人工成本。但是在要贴瓷砖的墙面继续使用快粘粉固定底盒和线管的话，以后再用水泥施工时，就会有强度低、平整度差、墙砖脱落的隐患。

那么，为什么厨卫的开槽封填必须使用水泥填充呢？首先，水泥砂浆的强度、稳定性和黏结性都好于石膏。石膏的膨胀系数随着含水率的变化而增加，而水泥则更适用于潮湿的厨卫环境。其次，对于较窄较深的线槽，用水泥填充更结实、稳固、耐用，而且比较深的线槽最好多次用水泥填充，降低收缩造成开裂的可能性。最后，大多数厨卫墙面都会贴瓷砖，贴砖会用到水泥，水泥和快粘粉相遇时（石膏相对于水泥来说就是杂质），石膏会发热膨胀，墙面有可能会发生开裂及空鼓。

正确施工：厨卫墙面水路开槽封填、电线底盒回填（图1-10）、线管开槽封填必须使用水泥固定封填，不能使用快粘粉，最大限度保证日后贴砖的牢固度。

图1-10 电线底盒回填需用水泥

● 厨卫水电线管走顶还是走地 ···········

粗糙工程：没有考虑到房屋的个体差异，盲目施工，武断地决定水电线管走顶或走地。

事实上，水电走地和走顶各有优缺点。

水电走地的优点是地面开槽后好固定 PPR 管，方便施工，且水电线管总体线路较短；缺点是水电线管会有交叉，需要在地面开槽，万一发生漏水的情况，无法及时发现，一般只能等楼下邻居发现并告知，且维修时要把地砖砸掉，返修成本较大。

水电走顶的优点是地面不需要开槽，万一有漏水的情况发生，可以及时发现，避免祸及楼下，且维修时比水电走地方便。缺点较多，我们逐条分析：首先是高空热熔作业对安装师傅要求更高，普通工人接口焊接做不好的话，效果会适得其反；其次是水管会多走一段，造价相对高一些；再次是容易打到别人家的电线、水管（因为水管穿梁而过），并且如果是在梁上打孔，会减弱梁的强度和抗震能力，尤其是一旦打断箍筋和主筋的话，后果会更加严重；再次，如果水压降低，水流噪声会加大；最后，水电走顶不如在水泥层牢固，管路接头会随着水管的热胀冷缩而松动，从而造成隐患。

图 1-11　水电走顶的布线

正确施工：水电无论走顶（图 1-11）还是走地，都要结合房屋实际情况决定，因地制宜。两种方式各有利弊，它们不但决定了水路系统的布置是否安全科学，也是影响水电工程预算的重要因素，其造成的费用差异约在水路预算的 20% 左右。施工方需要考虑业主意见和综合因素来决定走顶还是走地，一般来讲，如果业主不要求，水电线管不要走地面。

● 电路在上，水路在下 ···········

粗糙施工：水电线管交叉在一起，风险很大。

如果水电线管之间没有间距，一旦线管因老化而发生渗漏，可想而知危险有多大。

正确施工：当厨卫水电线管同时在顶部布置时，为了以防万一，需要将电路设置在上，水路设置在下（图 1-12），水电线管间距不小于 30 mm。这样，即使水管发生渗漏，电路也不会受到影响而导致更大的风险和损失。

图 1-12　电路在上，水路在下

● 走水电，不能在墙面开横槽，且不能断筋

粗糙工程：乱开横槽，房屋结构破坏严重；不考虑房屋承重结构，任意断筋。

横向开槽过长的话，会破坏墙体结构，引起墙面开裂。对承重结构任何形式的破坏，都会降低建筑的抗震性能。

正确施工：布置水电线管的时候，尽量不要在墙面开横槽；如果一定要开横槽，承重墙上开槽长度不超过 300 mm，非承重墙上不超过 500 mm（图 1-13）。另外，在承重墙上为水电线管开竖槽时，遇见钢筋的时候，一定不能断筋。布置线管时，要使用黄蜡管降低开槽深度要求，在保证线路安全的前提下保证结构的安全性。

图 1-13　墙面开横槽不宜过长

● 电线管与暖气管间距不小于 200 mm，交叉要用隔热棉

粗糙工程：不做安全防护措施，不考虑后期隐患。

如果电线管和暖气管离得太近，或者交叉后没有进行有效隔热，电线通电时温度升高，阻值增大，电线会不断发热，而暖气管的进水温度基本上在 80 ℃左右，这样恶性循环之后，就会造成 PVC 线管及电线绝缘层老化并逐渐损坏。一旦出现短路的情况，短路电流很大，会产生高温，易使电线融化烧焦，从而出现危险。

正确施工：电线管与暖气管的间距不小于 200 mm，如果交叉布置，需要用隔热棉或隔热套管隔离。

第三节

为孩子避坑：给孩子一个安全的家

如果关注新闻的话，会发现近些年常有"柜子伤童"事件。可见家里对孩子来说并非绝对安全，说不定有些地方就有安全隐患。身为父母或准父母的大家注意到这些隐患了吗？我们到底应该如何保证孩子在家中的安全呢？

● "危机四伏"的客厅

客厅作为孩子经常活动的场所，稍不注意，随时都可能发生磕磕碰碰的情况。对于"危机四伏"的客厅，我们需要注意什么呢？

①那些像刀刃一样尖锐的茶几、桌子：坚硬、突出的边角非常容易磕碰到孩子，所以在选购家具的时候，要尽量选择边角不那么锋利的圆弧形，或者购买专门的防撞桌角（图1-14）、防撞条，把桌子、茶几这类家具坚硬的边角包起来。另外，不要把危险物品放在宝宝可以够到的地方，比如打火机、小刀、牙签等物品，以免宝宝拿去玩耍而发生意外。家里尽量避免出现未加工的玻璃、尖锐的金属和原始木材。

图1-14　防撞桌角

②高大于宽的储物柜：高大于宽的柜子稳定性较差，容易倾倒。大家是否还记得"柜子伤童"事件，未固定的衣柜倒下来导致惨剧发生，造成多名幼儿在事故中死亡。其实柜子的说明书上是有"需固定于墙上"这一条的，但在实际摆放的时候，可能很多人都忽视了这一点。所以，尽量选择结实稳定的家具，条件允许的话，最好将其固定在墙上。除此之外，书架、电视柜等也可能发生倾倒，都应做好安全措施。比如，不要放重物和易碎物品在上面。

③抽屉和可以推拉的柜门：使用带抽屉的柜子时，大人要注意在取放东西后及时关好抽屉，避免孩子攀爬，从而发生意外。另外，抽屉还容易夹伤手，抽屉里面的东西也可能被孩子误食。所以为了安全起见，建议大家把带抽屉的家具都装上安全锁，可以推拉的柜门最好也安装一下（图1-15），以防夹到宝宝的手。另外，抽屉最好选用防滑脱的滑轨，万一被宝宝打开了，也不至于整个滑落下来砸伤孩子。

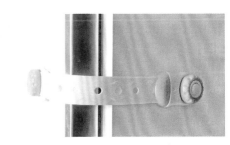

图1-15　抽屉、柜门可以使用的安全锁

④孩子触手可及的电源插座、电线：出于好奇，宝宝可能会把手或其他物品伸进插座孔内，导致触电。所以最好用插座保护罩或电源安全锁把暴露在外面的电源插座保护起来（图1-16），将接线板放到柜子后面或里面，或者放到宝宝视线以外的高处。最好用电线收纳盒把电线整理、安置好，也可以用胶条或细绳把电线整齐地捆好，以防宝宝被绊倒。

⑤饮水机、热水壶：热水壶没有被放置到安全位置的话，很容易因推拉、撞击而发生倾倒，会砸伤、烫伤孩子，所以要将热水壶放到宝宝接触不到且不易倾倒的地方。另外，最好为饮水机的热水按钮装上专门的保护器，防止孩子乱按，导致烫伤。

图1-16　电源安全锁

●卧室也不一定安全

宝宝出生后，至少三分之一的时间会在卧室中度过，所以无论是在床上睡觉还是嬉戏玩耍，卧室的安全都应得到关注。

①高低床要做好防护：很多小户型家庭只有一间卧室，随着二胎政策的开放，很多有两个宝宝的家庭会选择使用双层的高低床。这样虽然节省了空间，但是存在的安全隐患却是不容忽视的。孩子在上梯子时可能会摔伤，上层的孩子也有可能会摔下来。

因此，家长不要把高低床放置在靠近窗户的位置，以免孩子掉落窗外；上层床垫的大小要适宜，以免孩子滑落到下层；上层床的床边一定要安装护栏（图1-17），而且护栏和床边的距离要小于9 cm，以免因软床垫塌陷，孩子滚落到护栏下方的空隙内，导致头部卡住，发生危险；选择质量过关的高低床，上层床底部有安全支撑，稳固耐用，不会坍塌；最后，为了避免坍塌，禁止孩子在床上跳跃、嬉戏、打闹。

宝宝在大床上的时候，不要使用枕头作为床周围的阻挡物，因为枕头柔软且轻，孩子很容易翻过枕头跌落床下；大床上父母使用的被褥、枕头对于宝宝来说也存在危险，因为体积较大，很容易导致宝宝窒息；大床的摆放位置最好紧靠墙壁，不留缝隙，或留足安全空间，以防宝宝的小手小脚被卡住。

②婴儿床：在选购婴儿床的时候，最好考虑圆柱形的护栏，板条之间的距离不要超过6 cm，以防宝宝的头从中间伸出来而发生意外。护栏的高度应以高出床垫50 cm为宜（图1-18）。如果护栏过低，等宝宝能抓住护栏站起来时，有可能爬过护栏从床上掉下来，这是相当危险的。

图1-17　高低床的上层一定要有护栏（图片来自我图网）　　　　图1-18　婴儿床护栏应高出床垫50 cm

婴儿床上不需要有安全带之类的设计，因为它容易缠住宝宝。检查婴儿床的床头、床尾处不要有挂钩、吊袋等，也不要把衣服搭在围栏上，因为宝宝太小，这些物品被宝宝拉下来后，如果覆盖在宝宝口鼻处，可能会引发窒息。

不要在婴儿床里堆放毛绒玩具、大被子、枕头、各类零件及组装类玩具等。另外，还要定期检查婴儿床上的配件是否牢固，比如螺钉、床板等。

③空调、电扇、暖气片：空调的滤网要按时清洗，防止粉尘、霉菌、细菌的积累。空调电源线如果过长，最好贴着墙面走线并固定好。空调遥控器的电池盒最好用胶带缠好，防止宝宝打开。夏天使用电风扇时，不要让宝宝靠近，防止宝宝的手和头发卷入风扇。冬天的时候，家中的暖气片、电暖气很容易烫伤宝宝，家长也要多加小心。

● 最危险的窗台，一定要做好防护措施

小朋友会爬到窗台上玩耍，这时就要留意，一定要防止孩子失足落下，导致严重后果。

①飘窗防护：飘窗一般呈矩形或梯形，向室外凸出，三面都有大玻璃。大块的采光玻璃和宽敞的窗台让我们有了宽阔的视野，但是稍不注意，宝宝就会爬上飘窗。

为了安全起见，不要在窗户上粘贴任何贴画，避免引诱孩子爬窗户；要在窗户上安装窗钩，窗外或窗台上安装防护栏（图1-19），防止孩子坠落；下雨的时候，为了防止雨水打湿阳台导致地面湿滑，地面可铺设实木防滑地板、塑胶地砖、防滑板等。

②家具不要靠窗摆放：不合理的家具摆位是发生幼儿坠楼悲剧的导火索之一。宝宝喜欢到处攀爬，所以需注意不要把床、椅子、沙发等孩子可以爬上去的家具摆放在靠近窗户的位置。

图 1-19　窗台上的防护栏

● 让宝宝远离有水、火、电、刀的厨房

厨房同样是容易给宝宝带来伤害的区域之一，以下隐患我们必须要消除。

①电源、电器：厨房的电源插座是最多的，最好将其安装在宝宝触摸不到的地方。如果有比较容易被孩子触摸到的电源插座或者插排，一定要在插口处插上防触电的安全插座，防止宝宝触摸。

家用电器使用完毕后，要及时拔下插头并将电源线捆好（图1-20），不要放在孩子能触摸到的地方，防止触电，同时也防止孩子因乱碰电线、拖拽电器导致砸伤。当发现电器的电源线有裂缝或者焦味时，应及时更换。电烤箱、微波炉、洗碗机、电冰箱等电器，要用安全扣将电器的门锁住，防止宝宝打开电器的门，夹伤手指。

图1-20　电源线（图片来自摄图网）

②操作台：不要让孩子独自进入厨房操作间并触碰厨具、电器等。

厨房的操作台使用完毕后要收拾干净，不要将菜板、锅、碗、瓢、盆等物品随意摆放在操作台上，避免宝宝抓到掉下来而被砸伤，要将这些物品及时收到橱柜里。操作台上尽量不要铺垫桌布，以防孩子拖拽而掉落，被上面的物品砸伤。灶台应采用开关旋转盖，避免宝宝误开炉灶。另外，最好安装煤气感应器，预防煤气泄漏而导致家人中毒。

③餐具：厨房中那些存在安全隐患的锋利器具，如菜刀、叉子、水果刀、削皮刀、剪刀等，使用完毕后一定要放到抽屉里，尽量上锁或者扣上安全扣，防止孩子随意拿取伤到自己；玻璃、陶瓷等易碎品都要放到壁橱或者碗柜中，尽量不让孩子触碰，平时还要多给孩子灌输安全意识，保证其安全。

● 不要让孩子在卫生间独处

卫生间面积狭小，水电密集，避免让孩子在卫生间受伤的方法就是不让他独自待在卫生间。

①浴缸：洗澡的时候，在浴缸里铺一块防滑垫；不使用浴缸时，不要积存水，防止宝宝溺水。

②马桶：养成给马桶盖上盖子的习惯。好奇心可能会驱使宝宝去玩水，以至于因失去平衡而掉进马桶。

③药品、卫生用品：所有的药剂都应妥善保存在容器中（图1-21），不过要清楚，这些盖子只能防止孩子打开，并不意味着安全。化学用品如清洁剂、喷雾剂及杀虫剂等，也应该放到宝宝看不见、够不到的地方，最好锁在柜子中。

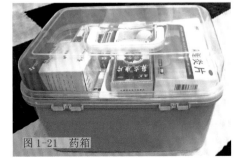

图1-21　药箱

家中的无形危害：怎样让甲醛消散

一到冬天，我们就会不定期地遇到雾霾天。不想吸雾霾的话，最好的办法似乎就是躲在家里。在我们的意识中，家是最安全的地方。但真的是这样吗？其实家里有一种看不到、摸不着的东西危害并不比雾霾小，这就是甲醛。

● 甲醛的危害

甲醛是一种无色、有刺激性气味的气体（图 1-22），低浓度下就可以被嗅到。人对甲醛的嗅觉阈值通常是 $0.06 \sim 0.07$ mg/m^3，不过这也因人而异。国家规定的标准为室内甲醛浓度小于或等于 0.1 mg/m^3。

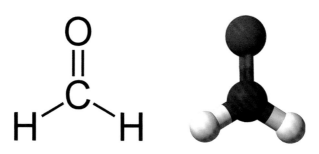

图 1-22　甲醛

那么甲醛有多大危害呢？首先，它对皮肤黏膜有刺激作用。甲醛是原浆毒物质，能与蛋白质结合，人在吸入高浓度甲醛时，呼吸道会受到严重的刺激而出现水肿，同时还会眼痛、头痛。其次，甲醛有致敏作用。皮肤直接接触甲醛可引起过敏性皮炎、色斑等，人若吸入高浓度甲醛可诱发支气管哮喘。总之，吸入过多的甲醛会出现头痛、头晕、乏力、恶心、胸闷、嗓子痛、心悸、失眠、记忆力减退以及自主神经紊乱等症状，对孕妇、胎儿的危害尤其大，严重时甚至会致人死亡。

太吓人了，我们就想吸点纯天然、不含甲醛的空气，很难吗？确实比较难。事实上，只要装修，就必然伴随着甲醛的到来。当然，通过各种方法，室内甲醛的含量是可以减少的，但很难从一开始就完全消除，总要有一个过程。

● 甲醛是怎么来的

俗话说，有胶的地方就有甲醛。甲醛主要存在于各种胶黏剂中，装修用的很多胶都含甲醛，所以使用胶的物品自然也就带有甲醛了，比如人造板材、地板、家具等。现在最常用的胶黏剂是脲醛树脂胶黏剂，其生产过程中会有大量甲醛残余，被称为游离甲醛。这部分游离甲醛在涂料流平、固化的时候会释放出来，成为装修中甲醛危害的直接来源。说得通俗一些，就是在我们用这种胶黏剂的时候，甲醛会不断地跑到空气中来。此外，胶黏剂还有酚醛树脂胶黏剂、三聚氰胺甲醛树脂胶黏剂以及二苯基甲烷二异氰酸酯（简称 MDI）等。MDI 是合成聚氨酯材料的主要原料，虽然没有甲醛，但本身有一定毒性。相对来说，涂料还是比较环保的。现在的涂料大多是水性漆，甲醛含量非常少，不过一定要选择值得信赖的大品牌。

另外，家里的纺织品比如窗帘、布艺沙发、化纤地毯等，可能也会含有甲醛。因为在纺织品中使用甲醛，可以增加其防水性、抗皱性和防火能力，所以要注意这些贴身使用的物品的甲醛含量。此外，还有一些微量的甲醛来源，比如一些衣物可能存在甲醛超标的情况，再就是吸烟也会产生微量甲醛。

要避免出现大量甲醛，显然最主要的方法就是要少用胶黏剂。一般来讲，如果买不起实木家具但又想营造出木质感的话，可以选择板材家具。然而板材家具都是需要使用胶黏剂来完成的，胶黏剂的使用量会根据材质不同而有所差异，通常有这样一个不等式：密度板（即纤维板）> 刨花板 > 细木工板（即大芯板）> 胶合板 > 多层实木接板 > 贴面板 > 实木板（图 1-23）。

图 1-23　实木板

可见，从环保的角度来讲，首选还是实木家具。不要相信建材市场上所谓"零甲醛家具"的说法，事实上并没有零甲醛的板材家具。而在铺地板的时候，各种胶的使用也不可避免地会产生甲醛，所以还是用瓷砖比较放心。

● 怎样去除甲醛

看完上面，如果你现在有些坐立不安，想测测家里的甲醛含量到底有没有超标，可以使用甲醛检测仪（图 1-24）。检测仪的价格一般在几百块钱左右，可以视情况购买（或者找别人借用）。测完之后你会发现，原来做饭也能让甲醛超标，长时间在车里开空调也会产生甲醛，就连衣柜里也隐藏着很多甲醛。

图 1-24　甲醛检测仪的一种

那么，要怎样去除甲醛呢？

网上卖的很多用活性炭吸附甲醛的产品，实际上效果微乎其微。有人曾经试验过，买了很多所谓的除甲醛"神器"进行评测，最后发现它们几乎没有什么作用。事实上用活性炭吸附甲醛这种方法并不能彻底解决甲醛问题，只能暂时"捕捉"它们。当室温升高、吸附饱和时，活性炭会再次释放出甲醛，形成二次污染。所以这些"神器"更多的只是当个心理安慰，效果还不如多开一会儿窗户。

民间传说用柚子皮能去除甲醛，但这是根本没有用的。柚子皮只相当于空气清新剂，把甲醛的气味隐藏在清香之下，并不能分解清除有害物质，此举无疑是掩耳盗铃。

现在有一种方法叫光触媒除甲醛，将一种具有光催化功能的光半导体材料（以纳米级二氧化钛为代表）喷到有甲醛的地方，让甲醛通过光触媒这个催化剂产生化学反应，分解成无毒的二氧化碳和水。但使用这种方法的前提是必须要有紫外线，而且其他限制条件也比较多，最好由专业人士来操作。总而言之，这种办法比较麻烦，但确实有效果。

图 1-25　开窗通风

综合来看，一般来说还是开窗通风最管用（图 1-25）。建议新家装修好的第一个夏天，最好不要入住，可以一直开窗通风，因为甲醛在 20 ℃以上的条件下挥发效果最好。这也是很少有人在冬天装修的原因，因为即使顶着严寒装修完，开窗也不能很有效地去除甲醛。

图 1-26　空气净化器

可是，如果开窗通风时赶上空气质量较差的时候怎么办？那不等于"去了甲醛，来了雾霾"吗？对于这种情况，新风系统是个不错的选择。新风系统可以让清新的空气进到房间里，将不清新的空气赶出去。外面的空气进到房间里是经过过滤的，滤掉了雾霾和灰尘。不过安装新风系统要在装修之前做决定，如果已经入住就不能安装了，否则改动太大，但可以选择使用空气净化器（图 1-26）。

●选材合适，可以从根源上解决甲醛问题

要想避免家中甲醛含量超标，最好从根源上来解决，那就是在装修时尽量选择低醛材料。

①地板（图1-27）：地板的环保指数和价格成正比，一般来讲，实木地板 > 三层实木地板 > 多层实木地板 > 强化地板。

压贴胶、着色漆直接影响地板的环保性。在地板的制作过程中，尤其像实木复合地板这类需要用胶将地板基材与表皮进行黏合的地板，其所用胶的环保性能非常重要。

现在有些品牌采用的是新研制的大豆胶等纯植物成分的环保胶，这种胶能够保证甲醛释放量在E1级（E1级标准具体规定详见相关国家标准GB 18580—2001），固化速度快、胶合强度高，是不错的环保产品。

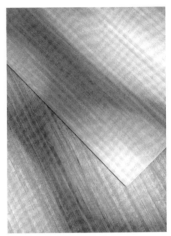

图1-27　地板

②涂料（图1-28）：现在的水性乳胶漆已经相当环保了，如果想更环保的话，可以选择质量有保证的进口漆和儿童漆。儿童漆中的挥发性有机化合物（VOC）含量超低，耐反复擦洗，含有的竹炭成分还能吸附甲醛、苯等有害物质。除了乳胶漆，腻子也应该选择知名大品牌的产品。

木漆分为水性漆和油性漆，油性漆相对来说硬度更大，丰满度也更好，但有污染；水性漆环保性更好，无毒无味，有害挥发物极少。所以买实木家具的时候，一定要看商品的检测报告，重点看刷的是什么漆。

图1-28　涂料

还有一种天然涂料木蜡油，以梓油、亚麻油、苏子油、松油、棕榈蜡、植物树脂及天然色素等为主要原料融合而成，调色所用的颜料为环保型有机颜料。因此它不含三苯（即苯、甲苯、二甲苯）、甲醛以及重金属等有毒成分，没有刺鼻的气味，是可以替代油漆的纯天然木器涂料。但木蜡油耐磨性、耐污性较差，多用于还原木材的天然本色。

③家具（图1-29）：家具堪称"甲醛重灾区"，因此选择家具的时候，在材料的选择上一定不能马虎。只有基础打好了，入住才能安心。

目前市面上最环保的家具材质当属全实木板材和进口爱格板。但是环保的实木家具必须满足几个条件：首先，必须是整板实木而不是拼接的，因为拼接的实木家具所用的胶也会有甲醛；其次，最好用水性大宝漆和木蜡油涂刷；最后，使用榫卯结构组合而成，而非使用胶黏工艺。

除了实木家具，爱格板定制家具也是环保装修的不二之选。爱格板取材于生长在欧洲大陆寒带的针叶树种，克服了一般天然木材的缺点，具有不易变形、较为稳定的物理性能，是一种把天然原木经过切割、粉碎以及高温高压等工艺处理而制成的非常适合家具加工生产和使用的板材，相应地，爱格板家具的环保性也比较好。

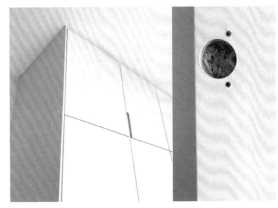

图1-29　家具应使用环保板材（图片由美豪斯提供）

④装修用胶：在家庭装修中胶黏剂无处不在，黏结木作和铺贴壁纸、墙布时都必然会用到它。此外，胶合板、木地板、家具、含胶类涂料等都含有大量的胶。因此，建议贴壁纸用糯米胶，装门窗用泡沫胶、玻璃胶，粘踢脚线和石膏线用白胶，贴瓷砖用瓷砖黏合剂，等等。挑选胶水时，最好亲力亲为地去挑选环保等级高的产品，不要一味地依赖装修公司。

⑤布艺（图1-30）：不要忽略沙发和布艺的环保性。有些人总以为只要挑选自己喜欢的沙发款式即可，却不知道沙发也是家里重要的空气污染源。事实上沙发的布料和填充物的质量决定了沙发的品质。一些小厂生产的廉价海绵甲醛含量超标，有些沙发打着实木框架的幌子，实际却是不达标的人造板材，还有些布料为仿棉麻的化工材质。这些因素都与环保性有关。所以挑选布艺沙发时一定要擦亮眼睛。

另外，窗帘、抱枕、地毯等用品如果选不好，同样避免不了甲醛。不要贪图小便宜，购买前一定要看清材质用料，这样的贴身物品还是买大品牌比较放心。

面对甲醛，也许我们没有过多的治理手段，那就不妨在装修前多了解一些相关知识，在装修时尽量避免使用含甲醛的材料，至少将甲醛的含量控制在最低水平。

图1-30　布艺

选对踢脚线，家里瞬间提高一个档次

　　装修这件事的确是需要煞费苦心的，前期拆改的大工程需要我们去融会贯通，最后的细枝末节也不容小视。比如踢脚线，看似没有什么存在感，甚至被很多人忽视，但实际上，如果选不好踢脚线，恐怕会影响家的外观。当然，选好了的话是可以加分的，甚至会产生意想不到的效果。本节我们就来讲讲踢脚线的相关事宜。

● 为什么要安装踢脚线？

　　摆在我们面前的首要问题是，为什么要安装踢脚线？踢脚线到底有什么作用？

图 1-31　好看的踢脚线可以让墙更美观

①用来遮丑：木地板容易热胀冷缩，安装的时候，地板和墙面的交接处会预留 5 mm 左右的空隙。如果地板或地砖紧紧地贴墙安装，那么在遇热或遇湿膨胀时就没有办法伸展，从而相互挤压，出现起翘、空鼓、变形甚至损坏的现象。踢脚线可以遮挡木地板和墙之间的缝隙，实用且美观（图 1-31）。

②隐藏电线：为了让电线布局合理、走线整齐，在装修的过程中，大部分电线被藏于踢脚线下，因此踢脚线起到了遮挡修饰的作用。

③保护墙体，方便打扫卫生：踢脚线区域都是脚踢得着的区域，易受冲击。做踢脚线可以保护墙脚，减少墙体变形，避免墙体因外力碰撞而遭到破坏。此外，在清洁地面时，墙纸、乳胶漆容易被浸湿或刮花，踢脚线相对而言比较容易擦洗，所以可以起到很好的保护作用。

④装饰空间：装饰踢脚线可以起到过渡效果，让地面、门窗、天花板、墙面之间相互呼应，形成更美观、更完整的视觉效果。

● 踢脚线材质介绍及选择方法

虽然市面上的踢脚线样式、款式有很多，但主要材质只分为木质、PVC、石材、金属这几类。

①木质踢脚线：如果家中铺贴的是木地板，那应尽量选择木质踢脚线。木质踢脚线分为实木踢脚线和密度板踢脚线两种。实木踢脚线视觉效果好，但安装、维护的成本相对较高；密度板踢脚线分为中密度纤维板和高密度纤维板，成本较低，但不够环保，且易变形，预算不高的话可以考虑。

优点	视觉效果好，安装方便，适用于各种家居风格
缺点	耐磨性较差，质感不足，易受潮，使用寿命较短

② PVC 踢脚线（图 1-32）：PVC 踢脚线可以说是木质踢脚线的平价替代品，价格低廉，外观上一般模仿木质，用贴皮呈现出木纹或油漆的效果。但长时间使用，容易出现较为严重的耗损，导致变形、脱落。且 PVC 材质不耐高温和干燥，所以要注意避免太阳暴晒。注重生活品质的人慎选。

图 1-32　PVC 踢脚线

优点	价格便宜，外观接近木质材料
缺点	耗损严重，视觉效果差

③石材踢脚线：如果地面铺贴的是石材，那就要选择相匹配的石材踢脚线。比如，可以在铺贴地面后，将剩下的边料加工成踢脚线，也可以直接购买成品。石材踢脚线的保养维护还是比较方便的。

石材踢脚线一般也分为两种，即人造石踢脚线和大理石踢脚线。前者可塑性强，色彩较多，视觉效果好，无毒无害，价位也合理。后者档次、成本都较高，但具有一定的放射性，选择的时候需要留意。

优点	安装方便，硬度大，视觉效果好
缺点	适用范围有限

④金属踢脚线：金属踢脚线的装饰风格比较独特，不太适用于家庭，更适用于办公场所。

优点	耐磨性能好，不易老化，打理方便
缺点	只适用于单一风格，受限范围较大

总的来说，木质踢脚线和石材踢脚线是大家常选的，在不同空间要根据设计需求选择相匹配的材质。关于如何挑选，你需要注意以下这些问题：

首先，踢脚线的高度一般是 8 ~ 12 cm，成品踢脚线基本都会满足这个数值区间。但有些空间较大的房子或者层高较高的户型，也可选择 12 ~ 15 cm 的踢脚线。另外，极简风格的设计有时也会用到 3 ~ 6 cm 的小型踢脚线，显得比较清秀。

其次，在做踢脚线前，要规划好衣柜、书桌、床等靠墙家具的位置，避免家具因无法贴墙而产生间隙，影响美观。

最后，如果踢脚线里面没有设计什么"机关"，建议尽量使用实心的踢脚线，避免内部产生空隙，成为蚂蚁、蟑螂的温床。

● 选不好踢脚线颜色，再好看的装修也毁于一旦

踢脚线除了可以保护墙面外，在家居美观方面的作用也占有相当的比重。它是地面的轮廓线，人的视线经常会不由自主地落在上面。所以踢脚线的选色原则有以下几条：

①根据门的颜色来选色（图 1-33）：整个屋内墙地分界线一致，可以起到视觉延伸的作用，特别适合小户型家庭。当然，也不能顾此失彼，不能光为了踢脚线好看而忽略了门的选择。选择门要遵循大方得体的原则，踢脚线的选择最好要与之搭配。比较稳妥的方法就是买门的时候捎带着把同款踢脚线也一起买了。

②和地面颜色接近（图 1-34）：踢脚线和地面同色也是一个不错的选择，在视觉上较为协调。作为过渡，踢脚线赋予了地面延伸感，使得空间看上去更为舒展。需要注意的是，如果颜色不能做到相当接近，那么踢脚线的颜色应该比地面颜色略深一点。

③和墙面同色（图1-35）：踢脚线与墙面同色可以让地面和墙面衔接得更为流畅，在视觉上不会有突兀的感觉。个人感觉这种装饰方法时下更为流行。

④色彩反差（图1-36）：如果墙面和地面颜色都比较深，那么在踢脚线的选择上，一般来讲白色最为出彩，也最不容易出错，可以提亮空间的颜色，显得十分高级。通过深色与白色的对比，可以形成明显的视觉反差，既能突出颜色的层次，又起到空间分割的效果，给人以干净利落的感觉。

图1-33 与门颜色相同的踢脚线

图1-34 与地面颜色接近的踢脚线

图1-35 与墙面同色的踢脚线

图1-36 白色踢脚线在色彩反差的情况下最不容易出错（图片来自摄图网）

● 在装修的哪一步安装踢脚线？

新房装修，老房改造，究竟什么时候安装踢脚线，要看房屋装修改造的具体情况。正常来讲，踢脚线是和铺地砖、地板时一起安装的，因为前面已经讲过，踢脚线的一个重要作用就是遮盖地板、地砖这种装饰材料与墙面的缝隙，因此同时安装可以把握得更好。

如果家里需要大面积铺设壁纸，也可以在壁纸铺贴好之后再安装踢脚线，利用踢脚线遮挡底部的壁纸，这样踢脚线便能与壁纸完美地融合在一起。

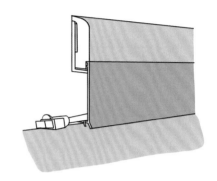

图 1-37　线路可隐藏在踢脚线后

另外，很多踢脚线具有走线布线的功能，所以如有线路需要埋藏在踢脚线内，可以在对周围线路做好规划后进行安装，之后就不用再额外花费时间装卸了（图 1-37）。

● 不使用踢脚线可以吗？

现在有一些取代踢脚线的方法，比如用较窄的收边条、密封胶来替代踢脚线（图 1-38）；或者是在墙面距离地面 10 cm 左右的高度做水泥墙或刷防水漆；也有人认为干脆裸着墙面，尤其现在有些人觉得慢慢地露出生活痕迹也是一种美，破败了也没关系，大不了过几年再刷一次墙。

其实现在踢脚线有各种各样的款式，足够用户选择，上面的办法并不适合所有房屋的情况。

比如，木地板如果没有踢脚线，不但很难处理地板热胀冷缩的问题，还会给地板的铺设增加很多难度。因为木地板铺到墙边的时候是需要切割的，以此适应不同房间的大小和走向情况。如果没有踢脚线遮挡，对现场施工的要求和标准就会提高很多，增加不必要的成本。

图 1-38　用收边条替代踢脚线

图 1-39 用护墙板替代踢脚线

　　如果家里铺的是瓷砖，不用踢脚线的话，首先要保证瓷砖的质量好，切割的侧面能保持平整，这样沿着墙贴的时候才能完全贴合。其次，装修师傅的手艺要好，才能贴得美观。具备了这两个条件，贴完瓷砖后再刷墙时，留的缝隙就会比较小，用美缝剂就能将瓷砖和墙无缝连接。

　　此外，不做踢脚线的方法还有一些其他问题。比如，收边条造型单一，密封胶使用时间久了之后会变黄，而水泥墙并不适合所有的家，做暗踢脚线既费钱又节省不下空间，意义并不大。

　　最后再来详细说说裸露墙面的情况。这种不安装踢脚线、隔几年刷一次墙的方法比较耗费时间和金钱成本，综合来看并不划算。另外要提醒大家一点，不要被网上的家居美图欺骗，事实上不做长远考虑就把图中的某些设计应用到自己家中是不现实的。比如，不装踢脚线，时间久了地面会积很多灰尘，做清洁的时候会非常麻烦。

　　在前面各种不装踢脚线的办法当中，我唯一认同的就是用护墙板替代踢脚线（图 1-39）。但总的来说，大家还是使用踢脚线比较放心一点。

　　最后和大家分享一个好物，是冬天"怕冷星人"的一个小福音——踢脚线隐形采暖。这是一种利用踢脚线内置管道进行热水循环的装饰散热器，由房间四周均匀散热，传热快，且不占空间，不会影响原有的空间布局。它将装饰与采暖完美结合在一起，从外观上看和一般的踢脚线没有什么区别，在铝合金踢脚线面板后面由一体式微型水管供暖，根本看不出是暖气片，而且还可以调控温度，高效又节能。这种采暖方式对老房或小户型改造比较友好，可以考虑一下，也算是多一种采暖升级的选择。

第六节

超全干货：家居收纳大扫盲

不知从什么时候开始，收纳已经成为一个热门话题。确实，随着生活质量的提高，一个稳定的居所或是一个宽敞的家，已经不能满足现代人的生活需求了，我们还需要生活的仪式感，所以拥有一个美观又实用的家变得尤为重要。想要自己的家变得好住又好用，就要学会收纳。

我们小时候，家里有用没用的东西很多，父母常常把舍不得扔的东西收到大大小小的盒子或箱子里，然后堆在柜子中，柜子放不下，就扔在阳台上、床底下或者其他角落。日子久了，这些盒子或箱子被挤压变形，落上厚厚的灰尘，毫无美感可言。

在当时那个不太讲究美观的年代，收纳非常随意。其实收纳应该是生活中一种最考究也最高级的美学。从客厅到卧室，从厨房到卫生间，家里的每一个空间都需要充满美感的收纳。

● 玄关收纳 （图1-40）

玄关收纳是家的重中之重，这个一般仅几平方米的空间，是一个家的门面担当，是每个人进门第一眼就会注意到的地方。在使用率极高的条件下，一个功能齐全又不狭窄的玄关，几乎是每个家庭的必备。

如果玄关的空间足够大，可以在这里打造整个柜体，保证收纳空间充足，并预留挂衣服和包包以及坐着换鞋的空间。若玄关空间较窄且暗，可以取消鞋柜，使用长凳，在凳子下方放置进出门要换的鞋子，利用墙面空间挂衣服和包。需要注意的是，如果没有周全的设计，狭窄空间最好不要再打柜体，否则会让空间显得压抑。

如果户型没有玄关，可以自己制造玄关，充分利用墙面空间，满足日常需求即可。比如使用薄鞋柜，主要目的是节省空间。

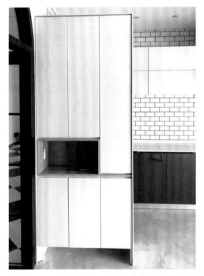

图1-40　玄关收纳（图片由美豪斯提供）

● 客厅收纳（图1-41）

　　客厅收纳是最需要考究也最能做出彩的地方，毕竟家里来客人的时候，待得最久的地方就是客厅。

　　沙发对面的电视背景墙可供发挥的空间最大，几块置物板，或者一个壁龛就可以打造出不一样的效果。在壁龛和搁板上摆放花草、书本、藏品，还能让主人进行一些个人展示。沙发边上可以摆放造型简单、颜色合适的小柜子，成为客厅中另一道风景。沙发柜则充满了细节之美，抽屉可以直接收纳杂物，台面上还可以摆放装饰物。

　　总之，客厅的收纳就是要把墙面的空间充分利用好，不然就会有些浪费。

图1-41　客厅收纳（图片由美豪斯提供）

● 卧室收纳（图1-42）

　　一般来讲，卧室里有床，有衣柜，还可能有一个衣帽间。但我们扪心自问，有多少人的衣柜是井井有条、分类合理的呢？其实衣柜的收纳很简单，只要选择好实用的衣柜，再购入几个收纳筐和收纳柜，这一切就都能解决了。

然后是关于床的收纳。一般来讲，床头和床尾的空间都可以充分利用起来。比如床头的墙上可以放搁板、做壁龛，床尾可以放一组收纳柜，把不常用的东西都收进去，常用的放在外面整齐摆放就好。

最后是墙的收纳。卧室的墙上可以放搁板，也可以放洞洞板和软木板。把喜欢的绿植挂在洞洞板上，把工作的便笺纸贴在软木板上，让生活既精致又方便。

图1-42　卧室收纳（图片由美豪斯提供）

● 卫生间收纳 （图1-43）

卫生间的收纳对卫生间的外观影响很大，你一定不想让卫生间成为一个只有基本功能而不美观的地方吧？

只要设计得当，柜子、墙面、搁板这些都可以成为卫生间的收纳神器，甚至镜子的背后也可以做一个嵌入式橱柜，放入洗漱用品、化妆品等。当然，还有本书后面会介绍的壁龛，也是一种收纳的好方法。

图1-43　卫生间收纳（图片来自摄图网）

● 厨房收纳

随着厨艺的层层进阶，以及对"幸福感"家电的深切向往，厨房里的东西一般会越来越多。这些物品大致可分为调料、餐具与厨具、锅具、库存食品、杂货等，它们各自有一套收纳法则。

①调料的收纳法则：想要厨房里的各种调料摆放得整洁好看，最好将它们转移到单独的调味瓶里，这样就可以做到整齐、统一。因此，选择好看的调味瓶，可以让厨房更美观。

既然是常用调料，那么围绕炉灶摆放才最合理。调味品的收纳架是简单、常见的选择，最好选择有分层的类型，以便合理利用立体空间（图1-44）。但需要根据自己常用的调料数量和规格进行挑选，容量适当，不浪费每一寸空间。如果喜欢台面空无一物，或者担心爆炒会让调味瓶挂上一层油渍，不妨将它们移置灶台下方的抽屉里。不过最好打上标签，以免在做饭手忙脚乱的时候拿错调料。

墙面收纳自然也少不了搁板，其上方可以摆放一些餐具或杂粮，下方还能收集一些带吸附功能的调味瓶，一举两得，可以说是小户型厨房的收纳救星了。

图 1-44　多层调料架和单层调料架

另外，现在好多家庭在安装橱柜的时候就安装了调味料拉篮，也是一个不错的选择，且空间较为宽裕的一层还可以放置大瓶装的存货，相对来说更加实用。

②餐具与厨具的收纳法则：首先说餐具。对于常用的碗筷，如果家里没有洗碗机、消毒柜的话，可以选择轻量级的收纳架，既方便控水，还节省空间。把洗好的盘子直接放上去，干净卫生。

若是担心开放式收纳有落灰的问题，又不想使用沉闷的全封闭式收纳，不妨采用抽拉式设计（图 1-45），或者橱柜面板使用玻璃柜门，既可以看清里面的物品，又方便快速拿取餐具。

另外，现在还有一些设计新颖的收纳神器。比如有一种侧面有开口槽的碗碟收纳架，易取易放，四周镂空，通风性好，既可放在台面上，也可放在橱柜中，最重要的是可以起到保护餐具的作用。还有一种分层式收纳架，打开前板，上层可以收纳，下层是放置物品的搁板，关上之后前板就变成具有挂放功能的架子，十分好用，拿取东西非常符合人机工程学原理。

图 1-45　橱柜中的抽拉式设计

再来说厨具。想要将厨具这类物品收纳好，也是需要花心思的。锅铲、漏勺、打蛋器等物品挨得太近，很容易搅在一起发生磕碰。最好的方法就是把各种物品归类收纳，比如长度差不多的物品，只需要一个多功能的收纳筒就能解决。另外，有些器具把手处是有孔的，可以悬挂收纳在墙面上（图 1-46），既可节省空间，又易通风晾干。

图 1-46　厨具收纳在墙面

当然，你也可以把这些厨具藏进抽屉里，但千万不要随手丢在里面。选一个厨具分隔整理盒会好一些，即便东西再多再杂，经过一番整理，也会显得十分整齐。

③锅具的收纳法则：锅具这种大件厨具，由于种类过多，形状也各不相同，能够吞吐的大抽屉是收纳它的最佳选择。

锅具最好独立收纳，可以按照锅的尺寸大小来排列，也可以采用"侧躺式"的方法来收纳，还可以把锅具立起来，增加收纳数量。锅盖和锅具最好分开放置，可以在剩余的空间安置一些别的物品，充分利用每一处空间。除了把锅具放在深抽屉里以外，

图 1-46　锅具收纳在橱柜里

图 1-47　锅具收纳在墙面上

如果家中的抽屉不够深，还可以把锅具收纳在橱柜里（图 1-46），用一两个置物架便可以让它们"和睦相处"。如果家中有敞亮的房高，还可以把锅具整齐地挂置在高处（图 1-47），也是相当不错的方法。

④库存食品的收纳法则：厨房里最难收纳的就是食材了，因为每种食材的形态都不一样，特别是在天气转凉的时候，不一定要把所有东西都放进冰箱里。

所以要尽可能选择各种类型的收纳筐，把所有食材分类收纳，才能拿取方便，又通风透气。现在有一种收纳筐，不但可以自由叠加，大开口的设计也让存放东西更加方便。

如果橱柜边缘有较窄的空间，也可以选择夹缝小推车来放一些存货。还有一种夹缝柜（图 1-48），绝对是"囤货星人"的福音，它的收纳功能非常强大，还充分利用了边缝空间。

如果在装修前期就想到这些问题，完全可以一步到位。

图 1-48　夹缝柜

⑤杂货的收纳法则：所谓杂货，大部分为生活中的一些日用品，比如餐纸、清洁剂、手套、隔热垫等。这些东西较为零碎，而且使用频率相当高，建议放到可以随手触碰到的地方（图 1-49）。

图 1-49　零散物品收纳在随手触碰到的地方

● 其他空间的收纳

有的房子大，有宽敞的走廊和玄关可供收纳，而有的房子小，一进门就是开放式的厨房或客厅，没办法像大户型那样设计，只能利用零散的空间进行收纳，因此这里将这些地方统称为其他空间。

比如飘窗，在现代户型中出现得越来越多。利用飘窗可以做很多事情，比如定制一个榻榻米（图1-50）。不过要注意榻榻米的实用性，特别是榻榻米下方空间一定要充分利用起来，相对来说，做成抽屉进行收纳会更加方便一些。在榻榻米上放个小桌子，装饰品和书都可以摆在上面，旁边再摆个小柜子收纳其他物品，阳光好的时候可以躺在榻榻米上享受生活。另外，壁龛和搁板也都是实用又优雅的收纳方法（图1-51），什么东西都可以收纳，搭配好的话，视觉效果会非常好。

而在收纳之前，要先学会整理，整理的核心是扔，把没用的东西，比如一年半载都不会穿的衣服、鞋子都咬牙扔掉就好。扔掉它们之后，空间会变得非常清爽。

总的来说，收纳的首要原则要根据自己的生活习惯制定，有三点比较重要：首先是拿取方便，其次是便于打理，最后是整齐美观。希望您看过本节内容之后，对如何让家里整齐起来能够掌握一些切实可行的方法。

①

①

②

②

图 1-50 功能强大的飘窗榻榻米　　　　图 1-51 搁板

02 ▶

第二章
空间的妙手安排

做好卧室细节与收纳，提升幸福感

理论上，卧室应该是家中最舒适自在的地方。

在我们一生中，大约有 1/3 的时间是在卧室度过的：每天早晨从床上醒来，迎接崭新的一天；晚上卸下一日疲倦，躺在床上，放松身心，安然入梦。

因此，卧室空间是非常重要的生活场所，需要我们用心设计与安排，让这一处小天地充盈满满的幸福感。

那么，要怎样安排，才能让卧室既美观又实用，满足我们对幸福感的需求呢？本节将从两方面入手，讲解卧室的细节规划和收纳设置，助您打造一个美好的卧室。

● 功夫在细节

在细节处精心规划和布置，可以让卧室更加舒服。

1. 卧室灯光舒适，营造放松氛围

卧室空间的灯光设计很重要，除了照明功能以外，还要营造一种让人精神放松的氛围。

卧室灯光主要分为中央照明、床头局部照明和衣柜局部照明。

首先说中央照明。作为卧室空间的主光源，中央照明如果过亮，不仅会使空间显得呆板没有生气，还会令人精神亢奋，不利于入睡；而过暗的灯光会给人带来压抑之感，同时会对视觉造成伤害。所以，

卧室灯光应以柔和的暖色调为主，色温为 3000 ～ 3500 K 的暖白光较为合适，这样的灯光集中而不刺眼，更能给人以舒适放松的感受。

灯具直径一般在空间对角线长度的 1/10 ～ 1/8 较为合适。最好选择吸顶灯这类不会产生立面阴影的灯具，若是装饰性太强的悬挂式吊灯，会使顶部区域略显阴暗，给人以视觉上的压抑感，不太适合在卧室安装。同时，要注意主灯不要对准床头，避免光源向下直射。最好以漫射到顶部和墙面的间接光源为主，如光线柔和的灯带就非常适合卧室空间（图 2-1），这也是如今极为流行的装修风格。

图 2-1　以灯带为卧室主照明

其次是床头局部照明。为了方便人们睡前活动及起夜，可以在床头安置极具装饰效果的台灯、落地灯、壁灯、射灯等光源，以起到局部照明和美化小环境的作用。

一般来讲，壁灯以距离地面 1.5 ～ 1.8 m 为宜（图 2-2），台灯以距离地面 0.8 ～ 1 m 为宜（图 2-3），落地灯以距离地面 1.2 ～ 1.3 m 为宜。灯饰材质方面，床头局部照明建议选用绢布、PVC 等半透明材质的灯罩，会使灯光效果更加柔和自然，对点染气氛非常有效。

最后是衣柜局部照明。对于进深较深的衣柜，可在柜顶安装感应光源，开柜门时灯光自动开启，关柜门后灯光自动关闭，让人们能够看清衣柜内部，方便生活，非常人性化。

除了以上三种卧室照明外，现在还有一些更加人性化的高科技照明手段，比如床底感应灯光设计，夜晚下床时灯光会自动开启，熄灭时间可以自由调节。也可以选择粘在墙上的感应壁灯，不仅实用，而且外观也好，小巧玲珑，时尚新颖。

图 2-2　壁灯距地面高度约为 1.5 ～ 1.8 m
（图片由美豪斯提供）

图 2-3　台灯距地面高度约为 0.8 ～ 1 m

2. 家具尺寸适宜，生活起居流畅便捷

李渔在《闲情偶寄》中写道："人生百年，所历之时，日居其半，夜居其半。日间所处之地，或堂或庑，或舟或车，总无一定之地，而夜间所处，则只有一床。"床对人们来说太重要了，在卧室空间中，床的尺寸与布局需要仔细设计，才能使日常生活更加便捷与舒适。

卧室中，床的尺寸与空间面积息息相关。一般而言，床与卧室面积最适宜的比例为，床的面积占卧室面积的 1/3，最多不要超过卧室面积的 1/2。高度方面，床与床垫组合后一般在 50 ～ 60 cm 之间（图 2-4），最好略高于使用者膝盖 3 ～ 5 cm。而对于有老人和小孩的家庭来说，为了方便他们起居，且防止发生意外碰伤，建议床的高度要小于或等于使用者膝盖的高度。

图 2-4　床与床垫组合后一般高为 50 ～ 60 cm

在床的四周要留有充足的活动空间，以方便生活。建议过道宽度最少为 50 ~ 60 cm，根据抽屉或柜门打开的尺寸，还可以适当增加预留空间。在有梳妆台的卧室内，除了在梳妆台前留有安放椅子的空间之外，还要预留出行走过道的宽度。如果在卧室内陈设书桌，最好留有能够自由移动椅子的空间。

床头柜的大小可以依据床的尺寸而定。建议 1.5 m 宽的床搭配长度为 0.5 m 的床头柜，1.8 m 宽的床搭配长度为 0.6 m 的床头柜。高度则可以根据喜好而定，比较随意。很多人选择与床和床垫组合高度相当的床头柜（图 2-5），视觉效果上比较舒服。

图 2-5　床头柜与床的搭配

3. 高格调卧室家具提升空间幸福感

如果卧室空间足够大的话，不仅可以有床、衣柜、床头柜这几种基本的家具陈设，还可以适当陈设一些格调高雅的家具单品，让空间大放异彩，幸福感爆棚。

比如梳妆台（图 2-6），精致的女人离不开精美的梳妆台，而想要衬托出一间卧室的典雅气质，更是需要一款梳妆台去巧妙装点。又比如床尾凳（图 2-7），漂亮的床尾凳对于卧室而言具有很强的装饰性，同时还集收纳、调整空间比例、方便生活起居等多重功能于一身，能够轻而易举地打造出高品质、高格调的卧室空间。

图 2-6　梳妆台　　　　图 2-7　床尾凳

4. 布艺软装，抵达内心的柔软

　　精致巧妙的布艺软装，对卧室空间的装饰效果不容小觑（图2-8）。典雅的色彩、舒适的质感，可以赋予空间温暖如诗的品质感，恰如其分地演绎出"偷得浮生半日闲"的精髓内涵。

　　比如窗帘。通过巧妙布置，利用窗帘与卧室的色彩契合、光影协调、虚实结合等形式，便可将卧室打造出令人惊叹的效果。

　　再如床品。不要以为床品只是睡觉的必备之物，它与窗帘一样，对整个卧室空间的色彩美学起到至关重要的作用。床品若能与卧室空间中的家具、窗帘、壁纸、地板等色彩完美契合，不仅能让空间拥有丰富

图 2-8　布艺对空间的装饰效果很重要

高雅的色彩层次，也能感染你的心情，让你目之所及，心旷神怡。想象一下，在寒冷的冬天，窗外寒风阵阵，而卧室里布置着柔软、暖和的床品，一个温暖的被窝是多么有吸引力啊。

　　地毯被称为家居的"第五面墙"，即使单色地毯也可以营造出人意料的视觉效果，于方寸之间弱化地面单一、压抑、冷淡之感，为整个卧室空间增添一抹别样的韵致。

5. 绿植花艺，让自然灵性绽放在卧室空间

　　卧室为令人心安之处，安置几盆绿植花艺，不仅可以在卧室中演绎自然花木的灵秀，更可为空间增添几分生气与灵性，令人赏心悦目。卧室中绿植花艺的装饰风格应以清静、舒适为宜，一般以摆放颜色淡雅、体态轻盈纤细的植物为主（图2-9）。

　　绿植可陈设在梳妆台上，或角落的花架上，也可以陈设在茶几、矮柜、窗台上，陈设位置比较灵活，不必刻意追求形式统一，可按照主人喜好及生活习惯而定，但要注意与空间色调风格相呼应，以达到整体的平衡与和谐。另外还有一点，在卧室空间陈设绿植花艺固然很美，但并不是所有植物都可以装饰在卧室空间里，而且绿植晚上也会进行有氧呼吸，会跟人争夺氧气，影响人的正常睡眠，因此还要注意健康因素。

图 2-9　绿植无须太大，只要一点就可以
增添空间生气

●让卧室成为家里最能装的地方

居家生活一段时间后，你会发现，卧室收纳空间真是"用时方恨少"。购物不是错，空间有限才是难题。各种床品几乎要占据衣柜的半壁江山，一到冬天，厚重的衣服也极大地占据了衣柜空间，如果再算上"双十一""双十二"囤下的各种衣物，这是要把卧室变成储物间来用吗？显然不能。那么，怎样才能增加卧室的收纳空间呢？

1. 化妆收纳空间拯救女生的零碎杂物

一个女生到底有多少化妆品？这不由得让人想起堆满卧室书桌上那些零碎的瓶瓶罐罐。其实，只要弄一个专门的化妆收纳空间，就可以解决掉这堆杂物。

首先，可以专门使用一个抽屉，将其变为化妆桌（图2-10）。抽屉抽取方便，且避光防灰，但是如果不分格的话，里面的东西滚来滚去就会乱糟糟的，找起来很麻烦。这时，利用间格小盘可以将不同类别的化妆品放

图 2-10　卧室衣柜的抽屉可做化妆桌

置在抽屉内，也会整齐很多。找东西方便了，化妆的效率也会有所提升。

除了抽屉，还可以使用梳妆台来收纳杂物。但使用梳妆台的话，一般来讲，桌面会成为落灰的"重灾区"，要怎样避免这个问题呢？可以尽量选择方便拿取且美观整洁的收纳用品，比如多层透明封闭亚克力收纳盒，它可以将不同类别的彩妆物品区分开，便捷又易找。如果将这些化妆品平摊放置，可能会铺满整个桌面，但把它们整齐地码起来，既一目了然，又节省空间。

另外，还可以选购多功能梳妆台。现在有一种翻盖式梳妆台，简易、实用又便捷，多个储物小格能让使用者不由自主地学会收纳和整理。合上镜子后，就变成一张普通的写字台，非常适合小户型家庭。

2. 衣柜收纳瞬间增容 25% 的秘诀

不知你有没有遇过这样的情形：打开衣柜，柜子里的衣服倾泻而下，那一瞬间感觉十分崩溃。明明很美的衣服在柜子里随随便便地堆着，既不美观，又容易使衣服起褶皱，影响穿着效果。

衣柜其实是一个框架，想要内部井然有序，就要划分成各种功能区（图2-11），可以根据需要进行组合。收纳功力足够深厚的话，衣柜就会看上去井井有条。每个衣柜的内部结构都不一样，但要明确一点，使用频率高且轻的物品放在最上，使用频率低且重的物品放在最下，这样就可以打造一个主次分明、便于取物的衣柜。

图 2-11　衣柜内部的功能区

图 2-12　衣柜中的挂衣区可以有多个，其下方空间可使用收纳抽屉进行收纳

　　①如果正式服装比较多，需要设置多个挂衣区（图 2-12）：如果喜欢衣服挂着放，或者工装比较多，可以定制 3 个以上挂衣区。可以按照穿着的频率及场景来分区，比如工作时间穿的衣服、休闲时间穿的衣服；也可以按照性别来分区，比如夫妻两人的衣服分开放置。不同颜色的衣服放在一起难免视觉上有些凌乱，套上统一的防尘袋就会整洁又卫生。挂衣区最好依长短顺序排列，这样短款衣服下方的空间便可以更有效地收纳，以免浪费，比如使用收纳抽屉。如果衣服比较多，可以多定制几个收纳抽屉，把不同类型的衣服放在一起，外面贴上小标签，这样以后就不用大动干戈地重复之前的整理工作了。

　　②抽屉要安装在不弯腰就能够到的位置：内衣需要特殊呵护，因此收纳在衣柜的抽屉里比较合适。定制衣柜的时候需要注意一点，抽屉的位置要适宜，最好在不弯腰就能够到的高度。另外，还可以选择带抽屉的收纳盒，这种可视化的收纳方法能看到抽屉内的所有东西，拿取自然更加方便。同理，丝袜也可以这样收纳。丝袜质地较脆弱，易脱丝，要预防这些丝袜缠绕在一起。在抽屉内进行分格，就可以让这些丝袜摆脱纠缠了。

　　③使用多层裤架更节省空间：衣柜的格局总是会浪费掉很多空间，想要给衣柜增容，就要给衣服做减法。这里说的减法不是要扔掉它们，而是减掉它们所占的空间。比如利用多层裤架就能一次挂多条裤子，这样可以省出不少挂裤子的空间，而且裤子数目也一目了然。包或鞋子的收纳，也可以活用分隔吊挂架，不仅视线清楚，可立即取用，也方便搭配服装。

④使用百宝格收纳可以叠的衣服（图2-13）：不一定所有的衣服都要挂着，将衣服叠起来收纳可以大大减少占用空间。当然，这种方式仅限于不易起皱的衣服。使用百宝格或有类似功能的收纳箱、收纳抽屉等，可以将叠起来的衣服收纳整齐。

图 2-13　衣服可以叠起来在百宝格中收纳
　　　　（图片由美豪斯提供）

3. 没有收纳功能的床不是好床

除了衣柜，卧室的另一大收纳空间就是床了。如果你的床自带箱体（图2-14），可以把大量的反季节物品收纳其中，比如夏天用不到的棉被、衣服等。对于体量较大的物件，建议使用真空袋收纳。另外，现在有一种床，在床肚内部藏有抽屉柜，方便分类收纳及拿取衣物。

如果床两边的空间比较窄，而且也没有从侧面上床的习惯，不妨在这里定制柜子。现在更多的做法是在床体背靠的背景墙上放一个整体立柜，这样就多出一面墙的柜子了。

图 2-14　自带箱体的床

让你的玄关美观又实用

什么样的玄关既美观又实用？相信每个人脑海中都有一个理想的玄关模样。

当然，不同的人对于美各有所求，但说到实用性，一定要建立在自己生活习惯的基础上，这样的设计才是好设计。别人家的玄关设计得再高端大气上档次，跟你一点关系也没有，欣赏一下就好，好玄关还是要自己用得舒服、方便才好。

那么，你在生活中的状态是什么样的？适合你的玄关又是什么样的呢？

●开放储物格：进门后习惯先扔钥匙和包

很多人一进家门，就把大包、小包都堆在门口，钥匙、手机随手扔在沙发、茶几上，等到下次出门时，到处找包、找钥匙。这就是家里没有固定收纳场所导致的结果。

玄关其实就可以承担收纳这些物品的功能，使用柜子可以轻松满足上述需求。相对于通体柜门的柜子，设置开放式储物格的柜子更加便利、美观（图2-15），下班回来后，钥匙和包都可以随手安放至此。也可以使用比较流行的创意纽扣挂钩来悬挂包和外衣，或者在玄关柜中间放一面洞洞板，它的好处就是可以自由调节挂钩和搁板位置，根据每个人的生活需求变化摆放样式。

图2-15　有储物格的玄关柜（图片由美豪斯提供）

●嵌入式挂衣空间：进门后习惯随手放外套

现在市面上有很多造型独特、很有设计感的衣架，但如果家中空间不是特别宽裕，建议不要随意购买。因为这种衣架比较占空间，而且挂满衣物后会显得有些凌乱，除非你只想把它当成陈列艺术品来做家居装饰。

事实上，如果要放置外套，可以在定制玄关柜时留出宽 1 m 左右的空间，或者设计成一个嵌入式的储物空间（图 2-16），即便挂满衣服，看起来也会比衣架整齐很多。

至于玄关柜的颜色，可以根据整个空间的风格来定制，或沉稳，或活泼，选择你喜欢的颜色就好。

图 2-16　嵌入式储物玄关柜（图片由美豪斯提供）

●鞋架：回家后习惯先换鞋

很多人回家后的第一件事就是脱掉令人疲惫不堪的皮鞋，换上舒适的软底拖鞋，就像和辛苦劳累的一天来一场告别仪式，开始回归家庭的怀抱。

所以，在玄关柜底下留出一个存放鞋子的长条式空间（图 2-17），可以直接把鞋子隐藏至此，省去弯腰抬手把鞋子放进鞋柜的环节。如果家里人口众多，可以设计两层鞋架，分成四格，每人一个单独空间，互不干扰。

图 2-17　玄关柜下留出存放鞋子的空间（图片由美豪斯提供）

●鞋柜：出门前习惯搭配鞋子

很多人出门前需要根据当天的装束搭配适合的鞋子，所以这时鞋子能否一目了然就很重要了，不然到处找鞋会浪费大量宝贵时间。

有条件的话，可以定制一个几层高的鞋柜（图2-18），早上就可以优雅地找鞋子了。试想一下，把家里所有的鞋都放在玄关处，试鞋的时候有固定位置，不用踩得到处都是鞋印，不过定制成本会比较高。也可以定制类似文件篮一样的抽屉，同样能把鞋子收纳得很整齐。当然，现在市面上有各种类似的鞋盒、鞋架，可以直接购买。

有一点需要注意，如果门后空间有一定深度，使用隔板鞋柜会浪费很多空间，在这种情况下使用抽拉式鞋柜会更合适。

图2-18　几层高的鞋柜（图片由美豪斯提供）

●玄关镜：出门前有照镜子的习惯

如果有出门前照镜子的习惯，可以在入户门走廊处的墙上或玄关柜中放上一面镜子（图2-19），这样每天早上都可以从镜中看到满意的自己，开启自信的一天。

如果玄关只有一面墙的话，可以在玄关柜里贴一面镜子，40 cm左右的宽度就能满足日常照镜需求。大多数户型的玄关走廊都有采光差的问题，其实只要装一个智能触控镜子就可以解决，它光源均匀柔和，非常实用。

虽然有些人可能觉得换鞋凳式的玄关柜浪费空间，但也有很多用户希望有一个这样的设计。总之，这个问题见仁见智，好的玄关要根据个体的不同需求而进行差异化设计。如果采用的是有换鞋凳的设计，为了不造成空间浪费，挂衣格和换鞋凳可以共用空间，把凳子设计成储物抽屉，用以安置家中零碎用品。

图2-19　玄关镜（图片由美豪斯提供）

让厨房拥抱食物与梦想

厨房，真是让人又爱又恨的家居功能区。它是烹饪食物的地方，许给每个人和美食的倾心约会，可以造梦，可以圆梦，可以暖心。但是反过来说，有关厨房的收纳、清洁和空间利用等，却成了家里的大问题。毕竟"民以食为天"，居家过日子，绕不开厨房的存在。

在本节中我们来探讨一下关于厨房的一些问题，帮助你提升家人的幸福感。

●厨房色彩搭配攻略

①黑色与木色（图2-20），十年后依然别具一格。

把黑色和木色同时用在厨房中会好看吗？可能乍一听到这个搭配，很多人都会摆手摇头一脸嫌弃。一般来讲，单用黑色就已经很好了，显得非常有格调。而加入木色的话，暖木色会赋予黑色以新的气质，比起冷酷低调的全黑，更多了几分家的温存，让人流连忘返。

图2-20 黑色与木色搭配的厨房（图片来自我图网）

②白色与木色（图2-21），年轻人喜欢的温馨文艺范儿。

如果你比较保守，建议大面积选择白色。白色能北欧能现代，能美式能日式，可谓百搭。白色与木色的搭配显得比较清新文艺，同时又能提升空间明亮度。

图2-21 白色与木色搭配的厨房（带实木储物格）

木色可以用在哪里呢？比如储物格可以使用木色。比起全封闭的吊柜，木制储物格更美观实用，摆上漂亮的杯子器具，居家的品质感油然而生。再比如，如果你家是小户型，厨房里刚好又有一扇窗户，就可以利用窗台的位置搭一个木制的宽台面，这样在炒菜时，盘子和碗就有地方放置了，实现合理利用空间。

以上两种都可以选用纯实木面板。比起大理石的坚硬、不锈钢的冰冷，实木面板温馨而质朴，更有温度。但现实生活中，实木面板并不常见，市面上也鲜有售卖的商家。

为什么实木橱柜和面板不是主流商品呢？这是因为，天然木材质决定了实木台面只为小众而生。众所周知，厨房是油烟的"重灾区"，而实木的抗污能力差，不易清理，且进水后容易腐蚀变形，所以只适合极度追求品位且厨房利用率不高的用户。因此，要选择实木橱柜、面板的话，需要认真考虑一下利弊，免得日后清理厨房的时候悔不当初。

实木台面有多种材质，常用的有白橡木、榆木、柞木等，这些材质都比较坚硬。想要经济实用的话，一般可以选择橡木面板，因为橡木木质坚硬，稳定性强，且耐磨、耐腐蚀，吸水性强。在厚度方面，白橡木台板可做到 3 ~ 4 cm，市面上最普遍的是 3.6 cm。

③白色与灰色（图 2-22），满满的高级感。

这里讲的灰色，不只是单纯一种灰，而是包括暖灰色、烟灰色、蓝灰色、深灰色、中性灰色等，不同的灰色有不同的气质和美感。

当然，不同材质也会碰撞出不同的风格。就像光面烤漆材质会让灰色变得现代又时髦，如果把整面墙都涂成灰色，营造一个半开放式的灰度空间，再用其他亮眼一点的颜色来点缀一下，就会打破沉闷，一种鲜活感跃然而出。

图 2-22　白色与灰色搭配的厨房

其实，看起来高档的东西并不一定是高价买来的，通过好的设计和搭配一样能够实现。比如，如果不喜欢深灰色的沉闷，可以选择相对清新一点的蓝灰色，搭配复古花纹的瓷砖，打造清爽、轻奢的气质。若是灰白中再搭配一点暖木色，就又多了一些创意元素。

④白色与黑色（图 2-23），爱下厨的男士的最爱。

白色和黑色的搭配显得沉稳、理性，更适合喜欢做美食的男士。在这样的厨房里做饭，就像时尚影视剧里会料理的男主角一样魅力十足。

图 2-23　白色与黑色搭配的厨房

●常用橱柜台面材质优劣对比

①天然石：天然石包括各种花纹的花岗石、大理石，比较常用的是黑花和白花两种。天然石材密度大、耐磨性好，质地坚硬不易开裂。

不过，天然石的花色几十年都是如此，市场上几乎没有创新的花纹，所以选择性比较小。正因为不够时尚，也不好搭配，目前选择天然石做橱柜台面的人越来越少。

优点	比石英石结实耐用，不易开裂
缺点	花纹美观性差，可选性小，具有辐射性
环保指数	★ ★ ★

②人造石板材：人造石是采用天然矿石粉、色母和丙烯酸树脂胶等经高温高压处理而成的板材，质地均匀，无毛细孔，是市场上公认的比较适宜现代厨房的橱柜面板材料。

好的人造石，比如有一种进口的亚克力人造石，质地坚硬，纹理细腻，色彩也较为丰富，市场售价大概在 2000 元 $/m^2$。

优点	抗污，耐磨，耐酸，耐高温，抗冲，抗压。花色变化丰富，选择性较多
缺点	市场品质参差不齐，质量有高有低
环保指数	★ ★ ★ ★ ★

③石英石板材：石英石是以天然石英结晶体矿为主要原料，在高温高压状态下制成的装饰面板，是人造石的一个种类，各方面性能都非常优秀。目前市场上，纳米技术抗污石英石比较受欢迎。

颜色方面，纯白色的石英石比较少，最常用的是雪花白和汉白珠两种。装好后，质感和光泽度都非常好。

优点	质地如花岗石一样坚硬，色彩像人造石一样丰富，结构像玻璃一样防腐抗污，是最理想的材料
缺点	价格较高，颜色、造型比较单一
环保指数	★ ★ ★ ★

●厨房里那些不合理的装修设计

厨房装修有各种各样的设计，有些设计虽然美观，但并不实用。然而没有经验的用户在装修前并不知道实际使用的效果，难免被坑。这里就总结一下这样的设计，并提供有针对性的解决方法。

①亚光砖墙面。

选择理由	亚光砖看起来低调有内涵
使用问题	容易粘油烟，显得脏旧，不好清理
解决方法	亮面砖用于厨房墙面，亚光砖用于厨房地面（图2-24）

亚光砖（复古砖）和亮面砖是瓷砖界的中坚力量，厨房和卫生间的墙面、地面都有它们的身影。

亚光砖属于釉面砖，也就是非亮光面的砖。优点是可以避免光污染，样式较多；缺点是容易吸附尘土，虽然不会对釉面产生影响，但是清理起来会比较麻烦。如果亚光砖应用在厨房，会大面积吸附油污，后续的清洁工作会比较繁重。

图2-24　亮面砖用于墙面，亚光砖用于地面

那么，好看的亚光砖难道就无用武之地了吗？当然不是。在厨房空间里，地面易湿滑受潮，还容易滴油，滑溜溜的地面容易造成安全隐患，而亚光砖防滑性能要好于抛光砖，因此建议厨房装修时，地面可以使用亚光砖。另外，亚光砖的颜色款式更多元化，可以打造不一样的厨房装饰风格。

抛光砖即亮面砖，也就是亮光面的砖。优点是耐磨，抗折强度高，抗污，吸水率低，用于厨房的墙面可以更好地避免油烟问题，尤其灶台附近的油污重地，清洁起来会比较省力；缺点是会产生光污染。相比于亚光砖，抛光砖的抗滑性不好，所以多用于厨房墙面。

需要注意的是，在购买瓷砖时，尽量一次性买够数量，因为分两次买的话，非同一批的产品可能会有色差。另外，买的时候也要抽查一下，免得同一批瓷砖也存在色差。

②不锈钢台面。

选择理由	耐磨，耐用，防锈，结实
使用问题	水渍难擦，用久了会有划痕，会鼓包，容易滋生细菌
解决方法	使用更耐用的石英石台面（图2-25），或者选用优质的不锈钢台面，并做好防水处理

图2-25 石英石台面

现在市面上的主流厨房台面，除了前面说的大理石、人造石和石英石外，还有不锈钢材质。客观地说，每一种材质都有自己的优缺点。

比起不锈钢台面，市面上性价比最高也最耐用的当属抗污石英石台面，更符合年轻人的审美需求。但是，如果您喜欢使用不锈钢台面，一定要选用食品级的、厚度达标的不锈钢材质。另外，在焊接、折边进行安装的时候，一定要请安装师傅做好防水、防潮的工作，以免日后滋生细菌。在清理时，尽量不要用尖锐的钢丝刷，避免产生很多划痕，影响美观。

③单槽洗菜盆。

选择理由	容积超大，可以洗大件物品
使用问题	刷好的碗、洗好的水果都被放在台面上，没有分区，有点乱
解决方法	使用双槽洗菜盆（图2-26）

图2-26　双槽洗菜盆

从使用上来说，厨房的单槽洗菜盆和双槽洗菜盆各有利弊，要根据自己的烹饪习惯和厨房空间设计来选择。如果家中偏爱中餐，那么可以将用过的锅碗瓢盆都放在单槽的大盆里，一次性清洁干净；如果偏爱西餐，除了烤箱，可能用平底锅比较多，那么双槽盆更能满足清洁工作的需求。

在清洗蔬菜瓜果时，双槽盆相对来说更方便、干净，不会像单槽盆那样，不注意的话，清洗好的和未清洗的蔬果容易相互污染；在洗碗时，把洗干净的碗放在双槽的另一个盆上沥水，简单的水槽分区可以让清洁工作更高效。

④橱柜内垃圾桶。

选择理由	使用方便，厨房干净整洁
使用问题	异味滞留在柜体内，易滋生细菌，甚至带来虫患
解决方法	把垃圾桶设在橱柜外（图2-27），或将橱柜内垃圾箱做好分类，并注意及时清理

很多人选择橱柜内置垃圾桶的初衷是以为这种方式可以使厨房整洁，但使用之后才发现，内置垃圾桶占用了太多储藏空间。更让人接受不了的是，在橱柜内部相对封闭的空间中安置垃圾桶，会造成残渣异味滞留在柜体内，不方便清理。

　　如果一定要使用内置垃圾桶，可以进行垃圾分类，将最容易腐败发臭的生腥垃圾进行简单处理。并且要盖上垃圾桶盖，防止异味溢出。外出时，一定要把垃圾拿出去，不要懒惰。

　　如果家里厨房实在很小，可以选择悬挂式的小垃圾桶。这种垃圾桶安放起来比较方便，可以悬挂在橱柜门上，也可以安置在台面下方，在处理蔬菜瓜果时，可直接用来盛放垃圾。当然，无论使用何种垃圾桶，都要记得及时清理，避免垃圾长时间残留。

图 2-27　垃圾桶设在橱柜外

⑤水槽盆下忘记留插座。

使用问题	冬天用冷水洗碗会冻手
解决方法	安装厨宝后（图2-28），有热水，高效洗碗不伤手

　　一日有三餐，相应地，洗刷锅碗瓢盆也是一日三次。在冬天洗碗，水冰冷刺骨，让人实在难以"下手"。若是安装一个厨宝就不一样了，把管道对接好，插上电源，冬天就可以使用热水洗碗了。

　　厨宝可以安装在台面上，也可以安装在橱柜里面，可调节水温，自动烧水。但如果装修时没有预留插座，就只能安装在洗菜盆上，影响美观，安装在橱柜内则可以有效利用空间。所以，装修时别忘了在水槽盆下预留一个插座。

图 2-28　厨宝

⑥餐桌周边忘记预留插座。

使用问题	吃烤肉、火锅时，要接很多电线
解决方法	使用地插（图2-29）或预留插座，就地取电

厨房里的小餐厅，或是独立的餐厅，餐桌下方的插座是必不可少的。为什么呢？因为这是食客的诉求。

三五好友前来聚餐，火锅、烤肉是很好的选择，这时就到了各种锅和电磁炉一显身手的时候了。如果桌下没有插座，那么必然要用接线板接线，出现一屋子电线的"盛况"。吃饭时，还要担心锅的功率过大，会不会让接线板"崩溃"。

与其这样，不如在装修时就在餐桌下预留插座，或者使用地插。如果装修完毕才想起来要增加插座，那家里的地面和墙壁又要遭殃了。所以，未雨绸缪很重要。

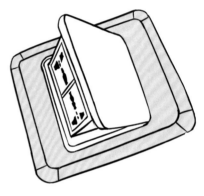

图2-29　地插

⑦切菜区没装射灯。

使用问题	切菜区没有专用光源，不得不弯腰低头切菜
解决方法	在吊柜下安装灯具（图2-30），找个舒服的角度切菜即可

图2-30　在吊柜下安装灯具（图片来自摄图网）

厨房虽然有整体光源，但是由于有橱柜吊柜的遮挡，留给台面的光源显然不足。

针对这种情况，可以在吊柜下安装射灯、灯带或者长条形灯具。有了大小光源的配合，才能让厨房的照明没有死角。

⑧转角空间浪费多。

使用问题	台面空间有限，没有地方安置洗好的碗
解决方法	转角空间不要浪费，合理规划，可以安放水槽并预留部分台面（图 2-31）

一般情况下，转角空间的利用很是尴尬，不过这反而燃起很多人利用转角空间的欲望。

在很多 L 形或 U 形厨房中，转角是必然存在的。在规划厨房格局时，尽量把水池安排在长度较长的墙面这边，确保水池旁有充足的台面空间，这样在使用水槽洗碗、洗蔬菜瓜果时，总会有块地方供你摆放洗好的东西。如果一定要在转角位置安排水槽，那就要注意两个转角之间的距离。如果距离够长，选择尺寸相当的水槽，还可以预留出一部分台面的位置。

图 2-31　在转角空间安放水槽并预留部分台面
（图片由美豪斯提供）

⑨过道过窄。

使用问题	一味追求储物空间，两个人一起在厨房会很拥挤
解决方法	合理设计橱柜尺寸，在墙面安置储物搁板或小单元，使空间物尽其用（图 2-32）

厨房不是储物间，一味追求储物空间而不注重使用体验，会造成很多麻烦。

在充分利用橱柜收纳功能的基础上，为了追求便捷，可以适当在墙面安置搁板或者储物小单元。但不要本末倒置，不然在很小的厨房里，物品主宰了空间，人的活动范围就会所剩无几。所以要合理储物，理性置物。

图 2-32　储物小单元

●节省厨房的每一寸空间 ···

　　小户型的厨房本来就不大，料理台的面积更是少得可怜，然而很多家庭都会使用一些常用厨具和电器，比如炒锅、蒸锅、豆浆机、烤箱、电饭煲、高压锅、榨汁机、面包机、洗菜盆，等等。要怎样安置这些大大小小的锅碗瓢盆呢？在第一章的收纳一节中，我们概括介绍了厨房的收纳法则，这里来说一说一些具体的节省空间的方法及工具。

　　①把锅吊起来放更健康：家中最多的就是各种锅具了，炒锅、平底锅、汤锅、蒸锅等，大概需要四五个才能满足烹饪需求。正如前面所说，锅具可以收纳在橱柜的抽屉中，其实也可以在橱柜里安装可抽拉式的阻尼挂钩。这是因为，出于饮食健康考虑，把锅悬挂起来放置更有助于沥干水分，比叠放更卫生，拿取也方便。若是将锅具都挂在墙面上，可以考虑使用黑色背景墙，黑色能够使大小不一的锅具不会显得过于突兀，视觉上也不会显得凌乱。若是放置在橱柜抽屉中，也要考虑沥干水分的问题，可根据锅的厚度来调节沥干架的距离，这样家里所有的锅具和盖子，用一个抽屉就足够容纳得下。

　　②用小抽屉来分类放置餐具更实用：大抽屉看起来似乎很能装，却没有小抽屉实用规整。定制橱柜时，可以要求设计师在第一排定制三四个小抽屉，用来分类整理零碎餐具。最好在抽屉里定制专用隔断盒，用来归类收纳刀叉、铲子、勺子、筷子、刨皮刀等随手可取的小餐具。如果不做隔断，这些小餐具时间久了就容易乱。

　　如果喜欢原木的温馨质朴，实木储物格倒是不错的选择，可按照家中餐具大小定制竹子、榉木、橡胶木等耐用材质（图2-33）。需要注意的是，需要擦干餐具的水分再放进去，不然时间久了，实木盒会发霉变质。最好再有一个专门的抽屉用来放调味品（图2-34），这样在做饭的时候调味品随手可得，不慌不乱。

图 2-33　实木储物橱柜　　　图 2-34　放调味品的抽屉

　　还可以设置一个抽屉专门用来放置蔬菜，比如姜、蒜、洋葱、土豆、胡萝卜等便于储藏的蔬菜就可以收纳在此，拿取方便。另外，还可以放置一些谷物杂粮等。

③不锈钢抽屉更实用：如果定制的是欧式抽屉，时间久了你会发现空间规划并不合理。因为尺寸受限，盘子不能立起来放，抽屉闭合后空间相对封闭，餐具没有经过通风和沥水，不健康且不环保。因此，定制抽屉时一定不能做成严丝合缝的"死"抽屉。相对而言，一体式不锈钢碗架更便于餐具沥水（图2-35）。

④像文件夹一样放盘子：最佳的盘子收纳方式是立起来放，且保证足够通风，沥干后用开水烫过再使用效果更好。如果你是一个懒人，可以定制一个文件夹一样或者带有类似结构的沥水栏（图2-36），把刷完的盘子直接放在上面，既美观又实用。

⑤夹缝柜比想象中容量大：如果把厨房的边边角角都利用起来，能使用的空间会让你意想不到。比如夹缝处定制一个抽拉柜，刚好能将大大小小的汤锅、洗菜盆、烘焙工具等安放至此。家里总会有很多不需要放进冰箱储藏的常温食品，如果没有空间，只能把它们大包小包地塞在各个角落里，等找的时候才发现已经过期了。不如给它们找个安身之所，夹缝柜就是很好的选择（图2-37）。

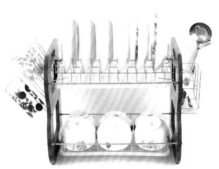

图2-35 抽屉使用一体式
不锈钢碗架的设计

图2-36 可沥水的餐具架

图2-37 夹缝柜

⑥隐藏式料理台：每当想进厨房一展身手时，总感觉料理台不够用。有地方切菜，却没地方放盘子，是传统中国式橱柜的设计硬伤。于是，窗台、餐桌、灶台都成了临时配菜桌，空间很是局促。

小户型虽没有国外开放式厨房的大空间，但也急需一个人性化的操作台。为解燃眉之急，可以定制一个抽拉式料理台（图2-38），不用的时候推放到橱柜里面，使用的时候拉出来放东西，十分方便。

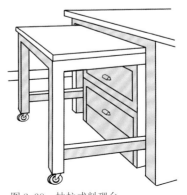

图2-38 抽拉式料理台

第四节

有无电视机，客厅大不同

随着室内设计行业的发展，客厅的定义在逐渐模糊，也许现在称之为"家的核心区"更为妥当。之所以这样称呼，是因为很多家庭活动都是在客厅进行的。如果你不喜欢待在客厅里，那一定是客厅的设计出了问题，没有吸引你的东西。因此，家的核心区要能够吸引我们到那里去。在布置客厅之前，就要考虑到这些事情。

日剧里的户型一般都很小，一进门便是一个大开间，餐厅、客厅甚至厨房都在这里。虽然看起来很一般，但是这种将不同功能区合并到一起的做法还是很值得借鉴的（图2-39）。

图2-39　客餐厅一体式设计

以前在客厅中电视机是绝对核心，如今，不同人的兴趣爱好是核心，我们要做的就是把日常生活的核心放到客厅中。每个人的生活习惯都不同，客厅作为家的核心区，就要具备包容性、兼顾性。客厅的布局可以千变万化、任意组合，但是不要以物为核心，而是要以人为核心。请记住这句话：家里需要沙发，不是因为客厅本来就应该是这样子，而是因为你真的需要它。

●客厅内电视机不再是中心，谁可取而代之？ ··················

过去，一到晚上，大家都会围坐在沙发上一起看电视，欢声笑语；如今，一家人仍然可以一起围坐在沙发上看电视，但是电视机开着，大家却都在低头刷手机、玩平板电脑，几乎很少交流。

我们已经习惯了现在的生活方式，并且欣然接受——因为我们已经在慢慢改变客厅的布局了。传统的客厅由沙发、茶几和电视机组成，顺应着传统的生活习惯。而今，网络改变了我们的生活，并且人们对生活方式的追求也越来越多元化，传统的客厅模式已经不再满足我们的各种想法和需求。那么，现在的客厅要怎样布置呢？

①削弱电视机的存在感：不以电视机为中心，不意味着没有电视机，而是可以削弱它在客厅的地位。电视机依然在，只是重要性下降了。

比如，可以把电视机挂在墙上，让它和墙融为一体（图2-40）。不论我们看或不看，它就在那里，不累赘也不占地方。也可以让沙发不再正对电视，而是以茶几为中心，由几把椅子、沙发将其围住，窝在沙发上看手机、看书或者聊天、聚会都可以。

图2-40　电视机挂在墙上（图片来自摄图网）

现在有些人家用投影仪代替电视机（图2-41），因为屏幕大，有一种家庭影院的视觉感受。但如果决定安装投影仪的话，在装修期间就要打下基础，在墙里埋下投影仪和幕布的暗线；如果已经入住，那就只能安装明线了。虽然投影仪装在墙上，不占用过多空间，但是这样一来墙上就不能做装饰了，只能用刷墙的方式丰富一下。不过，如果你不是电影发烧友，在家使用投影仪的概率或许和看电视的概率是一样的。

图2-41　用投影仪替代电视机

②用其他功能区替代电视机：用现代的眼光来看，客厅不只是看电视的地方，更是用来满足各种需求的空间，因此可以用满足需求的功能区来代替传统的电视机。

比如，可以将餐区和客厅融为一体，把餐桌的位置摆正一些，提升一起吃饭的仪式感。如果想强化客厅的办公功能，可以将客厅变成自己的工作区，而不是凑合着窝在其他小空间里办公。有收藏爱好或者喜欢摆件的朋友，可以把客厅当成展厅，摆放自己喜欢的摆件、书画或装饰物，这样才能经常在客厅中做自己喜欢的事（图2-42）。如果喜欢植物，那就让植物来当客厅的主角，比起面对电视机发呆，面对植物应该更能让你对生活产生兴趣。

图2-42　有展示功能的客厅

如果是一大家子人生活在一起，那么也可以将家里人的爱好都集中放在客厅，比如可以将客厅打造成孩子的玩具聚集地和大人的办公桌、阅读区、手作台等。客厅的功能丰富了，生活就不会单调，和家人一起互动的时间也会随之多起来。一家人在一个空间做自己的事情，好过在不同的空间做自己的事情。

没有电视机，不用考虑看电视的距离，沙发也不一定非要摆在靠墙的位置，摆在中间都不会觉得怪（图2-43）。因此客厅布局也随之丰富起来，可以增加一些书架、柜子等。还可以摆成围合感十足的空间，用沙发营造适合多人在一起的氛围（图2-44），再增加一些收纳区，也可以把餐区加进来。

图 2-43　沙发可以在客厅随意摆放，甚至背靠背

图 2-44　具有家庭氛围的客厅

●好看又实用，电视背景墙的"三级跳" ·······················

虽然越来越多的客厅不再以电视机为中心，但是传统的客厅布局仍然是客厅设计的主流。毕竟现在还不是电视机彻底被我们抛弃的时候。既然如此，如何将客厅的电视背景墙设计好就成了一个重要的问题。

有些人以为买一个电视柜回来放上电视就算搞定电视墙了，但其实对电视背景墙还有很多其他的处理方法。我们曾采访过一些装修完入住一年左右的业主，结果普遍反映电视柜是个可有可无的家具，占了一面墙的空间，却放不了多少东西，更像是一个摆设。虽然这个采访结果不具代表性，但想必还是说明了一些问题，那就是电视柜的作用可能没有我们想象中那么重要。

可是，如果不放电视柜，要怎么装电视墙呢？

1. 初级（简装电视墙）：适用于预算少、简装修的房子

虽然现在有很多流行的设计，但有些人还是喜欢"大白墙"这种最简单的形式。这也是最传统的电视墙模式——电视柜与电视机的组合（图2-45）。

预算有限，又喜欢极简风格，用一面大白墙来担任电视背景墙是最省钱、最简单的装修方法了（图2-46）。这种设计的重点是把电视机和电视柜分离，电视柜上可以摆放一些装饰品，壁挂电视机让大白墙不至于单调无趣。白墙能够给我们目无杂色的视觉感受，还原一处舒适清爽的生活空间。这种不染尘埃的美，越简单，越耐看。

图2-45　电视柜与电视机的组合（图片来自摄图网）

图2-46　用大白墙做电视背景墙（图片来自摄图网）

对于这种传统组合有两点建议，一是电视柜的外观要好看，二是电视机的尺寸要恰到好处。

如果觉得大白墙太过单调，可以加一些极具轮廓感与高级感的石膏线。石膏线造型丰富多变，可随意设计出自己喜欢的样子，不仅能遮蔽一些不好看的工程细节，还能提升空间的品位，突出一种简洁精致的质感，十分美观。石膏线价格也比较便宜，不过由于需要精细的测量和粘贴工艺，人工费往往比较高，想要最终实现完美效果，还需跟施工师傅好好沟通一番。另外，仿壁炉式的电视墙也是个不错的选择，越是经典和复古的东西越不会过时。

很多人不解，为什么设计师设计的电视背景墙就是比我们自己装的好看，那是因为设计师会善用"黄金分割"美学，以色彩和功能进行分区，让墙面更有层次感。因此对大白墙进行分割设计，可以增加美感。再有，就是利用灯带来丰富层次感，也可以达到很好的效果。

2. 进阶（精装电视墙）：适用于需要一定设计感的房子

此类设计的重点是要学会运用材质点亮空间。

①木饰面：大面积木材营造的木质感会让家变得十分温暖。用木饰面打造空间的电视背景墙（图2-47），可以达到实木的外观效果，且造价低，安装轻便，应用比较广泛。

木饰面电视背景墙比较注重彰显自然色调与木质纹理，经由木质散发出来的温和质感，还原了最纯粹的视觉概念，是其他材质无法比拟的。

可以说，木饰面电视墙是家中一抹温暖的存在。如果想要空间看起来特别一点，可以大面积使用木质装饰，搭配干净柔软的亚麻沙发，这样的家让人一整天都不想出门。当然，用木材做一个旋转电视墙也不错，看电视不一定非要坐在沙发前。还有一种把地板铺在墙上的设计，打造出意想不到的效果。

不过，在将木板装上墙时，需要注意一些施工问题：首先是墙面需找平后方可安装；其次是木材要先做好防水处理；最后，在易受潮、受热的地方不建议使用木板，否则木板会很容易变形。

图 2-47　木饰面电视墙

②大理石：让空间更通透。

在现代装修风格中，大理石墙面被普遍利用（图2-48）。大理石有很好的反光折射效果，让空间看起来通透明亮，在家装中的使用越来越常见，可以彰显品质，提升品位。如果大理石背景墙装饰得当的话，往往能对整个设计起到画龙点睛的效果。

大理石电视背景墙的纹理变化丰富，具有不同的艺术装饰效果，可以

图2-48　大理石电视墙

改变空间的视觉尺度，赋予空间独特的节奏感、韵律感，在对比与均衡中带来不同的感官体验。

但是天然大理石的造价较高，甚至能达到1000元/m²，人造大理石造价相对低一些，一般也在60～300元/m²。而且大理石较重，安装的难度系数也较高，对于小户型家庭而言，也许就不太适合装厚重的大理石背景墙了，用干净清爽的北欧风效果会更好。

③水泥墙：用好了可以很高级。

如果设计得好，水泥墙可以打造一种低调奢华的家居风格（图2-49）。如果整屋都是水泥工业风，这样的设计颇具一种雅痞绅士的气质；若是水泥墙搭配原木，两种材质则会碰撞出质朴风情。

有些人对水泥墙有误解，但实际上水泥墙真的不只是抹水泥这么简单。水泥的颜色，一般人通常只会笼统地称之为"灰色"，但对设计师来说却大有学问。国际上通用的灰色系有50多种色板（图2-50），每种灰色都有细微的区分，搭配不同的材质，效果会有天壤之别。正因如此，设计师设计的灰色空间才会显得十分高级。

图2-49　水泥墙面的电视墙（图片由美豪斯提供）

图2-50　50种灰色系颜色

3. 高阶（多功能电视墙）：功能至上

电视墙除了美观外，还可以打造得很实用。下面就介绍几种实用多功能电视墙。

①"家庭图书馆"电视墙。

对于开放式书架，很多人抱怨说它易攒灰、难清理，但也有狂热的书架爱好者。我们曾经给一位用户定制过一整面书架电视墙，把书展示在外面以便拿取阅读，最终呈现的效果就是一个"家庭图书馆"，很有书香气。现在有不少类似设计，书的多少不同，但不变的是那一缕书香气（图2-51）。

图2-51 书架式电视墙（图片由美豪斯提供）

②收纳式电视墙。

储物是家居的头等大事，家里最需要的就是集美观和功能于一身的柜子，尤其对小户型来说，收纳式电视墙尤为实用（图2-52）。

一整面墙的柜子看似占去了一部分客厅面积，但却可以用来装很多东西，非常实用。打开柜子，满眼都是储物空间，再也不用发愁没地方放东西了。而且，如果颜色搭配好了，还能提升整个空间的格调。比如，若是喜欢干净清爽的感觉，可以选择全白色。根据多年的定制经验，白色和原木是效果非常好的搭配组合。白色搭配黑色则比较适合简约有格调的现代空间。

图 2-52 收纳式电视墙

③嵌入式收纳柜，和柜子融为一体（图2-53）。

电视墙的设计并没有什么条条框框，结合户型的特点和风格，再加上功能性和人性化，就是好的设计。鉴于很多人不怎么看电视，但又不能缺少电视，可以将电视机隐藏在柜子里，用时打开柜门，不用时关上柜门，让空间看起来更加清爽。另外，百叶式的木拉门也不错，半开半遮，可以把凌乱的书架隐藏起来。

图 2-53　嵌入式收纳柜

4.其他电视墙

除了以上几种电视墙，还有其他设计方案的电视墙，这里也介绍几种。

①半壁隔断电视墙。

如果客厅够大，可以设计一个内嵌电视机的半壁隔断墙（图2-54），隔出类似工作室、休闲区的小空间。也可以把地台垫高，让两个空间分割得更为明显。

半壁墙有令空间延伸的作用，空气也可以流通。如果家里窗户不多或者是开间，不妨大胆尝试这种设计。

图 2-54　半壁隔断电视墙

②移动式电视墙。

移动式电视墙与推拉门的厚度一样（图2-55），非常节省空间，只要在地面和顶部安装轨道即可实现。不过内置电视机的走线问题需要请专业设计师来设计。

图2-55　移动式电视墙

③电视机与背景墙融为一体。

现在的电视机越来越薄，且具有无边科技感，将电视机内置在柜子或墙里，可利用色彩设计形成隐身的效果（图2-56）。如果不开电视，很难找到电视机在哪里。当然，也可以把电视机安置在卧室大衣柜中间（图2-57），合理利用空间。

图2-56　可让电视机隐身的设计　　图2-57　电视机安置在衣柜中

第五节

小卫生间怎样装出大格局？

你的卫生间是否因为太小而让你有过这样的经历：淋浴后，水溅得到处都是，擦地比洗澡还累；卫生间里常年有水蒸气，玻璃上面都是雾，镜子就是摆设；老房的马桶设在卫生间门口，开门后空间非常拥挤；功能区设计不合理，马桶离淋浴太近，干湿分离难以实现；缺少储物空间，洗浴用品堆放得到处都是，还经常被水打湿；着急上厕所时，却有人在里面洗衣服；淋浴之后，水蒸气无法散去，在马桶上形成污垢，日积月累便成了细菌滋生的温床……

相信很多人都遇到过很多类似这样的尴尬问题。我们的卫生间似乎都不够大，即便 100 m² 户型的业主也同样有此类烦恼。本节就讲一讲关于卫生间空间规划和功能分区的事情，希望能对大家有所帮助。

● 再小的卫生间，也要采用分离式设计

日本卫生间的分离式布局非常好用，不夸张地讲，他们的卫生间即使三五个月不收拾，也不会感觉脏乱差。正因如此，日本人对他们的"卫生间文化"引以为豪。那么日本的卫生间究竟好在哪里呢？

在日本，卫生间是家里程序最严谨的一个空间，淋浴、如厕、更衣、储物、家务、化妆等能够同时进行。这样的分隔方式被称为四式分离，需要至少 8 m² 的占地面积。

四式分离是世界上公认的科学布局，动线合理，干净卫生，各功能区使用时互不干扰，可有效提升卫生间的使用效率。四式分离的最终目的是达到安全、卫生、便捷，从而实现高品质的生活。

依据传统卫生间的使用情况，卫生间的功能大致可以分为必要区和非必要区，其中必要区有淋浴区、厕位、收纳柜、洗漱区等，非必要区有洗手台、洗衣机、浴缸等。

就国内的房间来说，卫生间有大有小，户型更是形状不一。一间 90 m² 的房子，卫生间的面积一般在 5 ~ 6 m²。想要实现标准的四式分离，对卫生间的面积还是有一定要求的，太小的卫生间较

难实现四式分离。不过我们的目的是学习日本分离式卫生间的精髓，所以四式、三式还是二式不重要，重要的是根据自己的实际情况和使用习惯来进行改造。

①四式分离卫生间：浴室、洗衣机、洗漱区、厕位。

这是功能比较完备的卫生间（图 2-58）。四式分离适用于 8 m² 以上的卫生间，如果你家的卫生间可以达到这个面积，恭喜你，放心大胆地去改造吧。

图 2-58　四式分离卫生间（图片来自摄图网）

②三式分离卫生间：浴室、洗漱区、厕位。

想实现三式分离，卫生间的面积要在 5 ~ 8 m²，实用性和舒适性也非常好。

三式分离卫生间在四式的基础上保留了浴室、洗漱区和厕位（图 2-59）。也可以根据自身需求，减去浴缸、洗手台这种卫生间非必要功能区。最终得到的结果是，空间分割依旧十分明确，符合干湿分离的条件，也基本满足平时的使用需求。

图 2-59　三式分离卫生间

③二式分离卫生间：浴室、厕位。

根据我们的数据调研结果，面积小于5 m²的卫生间占到我们调研对象的1/3，也就是说，有相当家庭的卫生间面积都在这个数值区间。这样的卫生间可以采用二式分离，即保留浴室和厕位，并将洗漱台安置在厕位旁边或卫生间外（图2-60）。虽然配置简单，但也可以做出简单的干湿分区。

需要特别注意的是，二式分离的基本原则是要将浴室和厕位分开。这是因为，洗澡的时候，如果花洒上的水溅到马桶区，产生的细菌会污染浴室内的毛巾、衣物等。

图2-60　二式分离卫生间（图②来自摄图网）

●让卫生间显大的秘密

①缩小家具尺寸：由于卫生间自身条件有限，改造比较困难，所以缩小卫生间家具的尺寸是最好的方法（图2-61）。只要调节好卫浴家具的比例和尺寸，你就会发现，麻雀再小，也能五脏俱全。

图2-61　缩小卫生间家具尺寸以节省空间

②把浴室柜变窄：如果卫浴空间过于狭窄，或者是长条式的房间结构，可以选择使用窄长型的手盆（图2-62），满足平日里洗脸和洗手的需求。或者定制一个窄柜，安装一个椭圆形的洗手盆和壁挂水龙头，即便只有2 m^{2}的空间也能功能齐全。

③斜角淋浴房更省空间：利用卫生间角落的三角形空间，可以打造一个斜角淋浴房（图2-63），用以解决卫浴间的拥挤问题，还能有效实现干湿分离。

图 2-62　窄长型手盆　　图 2-63　斜角淋浴房（图片来自摄图网）

●一个好用的卫浴间，收纳设计很重要

卫生间经过精细划分之后，我们可以将不同的物品收纳在不同的空间，以便快速找到自己需要的东西。

①镜柜、底柜以及周边的收纳。

镜柜尺寸不大，却可以将卫生间常用的琐碎之物，比如护肤品、牙齿护理用具、吹风机、剃须刀等巧妙地隐藏在镜子的后面（图2-64），这样既能完美地收纳，也能在视觉上显得整洁。加上整体的镜面设计，可以拉伸出成倍的空间感，让卫生间看上去不会局促。另外，随着我们使用电动产品的频率逐步增加，从吹风机、烫发棒、洁面仪再到美容仪等，这些物品都是需要充电或者接通电源的，所以最好在洗手台附近安装插座，满足日常的使用需求。

使用周期稍长的洗涤清洁用品，比如香皂、洗衣液、衣物护理液等，可以将其整齐地收纳在面盆下面的小柜中。对于这个空间，我们需要做好分层。利用伸缩层架或者伸缩杆来制造富有层次感的收纳空间，可以大大提高空间的利用率。

图 2-64　镜柜、底柜的收纳

②柜门收纳。

除了柜子内部，柜门也是一个可以利用的收纳场所。门后使用小挂钩或者其他工具（图2-65），可以放置一些日常所需物品。

③马桶上方的收纳。

既然已经将干湿区隔离，那么厕位这个区域就是干区了。我们可以利用这个空间做一个吊柜或者设置搁板（图2-66），放置卫生纸、毛巾、清洁剂等。当然，最好还是要本着"哪里使用，哪里存放"的收纳理念来收纳。

图2-65　柜门后收纳

图2-66　马桶上方的搁板、吊柜（图①来自摄图网）

④洗浴区的收纳。

浴帘杆也可以被利用起来，在上面挂上铁钩，收纳一些沐浴专用物品。家中如果做了玻璃隔断，还可以用可悬挂的收纳架来收纳。在淋浴头下方，不妨试试安放一个置物篮，放一些淋浴时会使用的物品。或者直接在淋浴附近安装一个收纳架即可（图2-67）。

图2-67　收纳架

●壁龛，拯救窄小卫生间的妙招

关于卫生间，其实还有一个问题——包管。有些老房设计不合理，包管让本来就拥挤不堪的空间显得更加零碎且局促，有的包管甚至直接暴露在外面，隔声、防水和安全等方面都有问题。

针对包管，壁龛可以说是一个很好的解决方法，既能巧妙弥补包管损失的面积，又能在方寸中再造收纳空间（图2-68）。

什么是壁龛呢？可能很多人并不知道，甚至对这个词也比较陌生。壁龛是过去人们供奉神像的凹入墙面的空间，如今被广泛应用在装修设计中，为家居收纳提供了一方新天地。

图 2-68 卫生间壁龛（图片来自摄图网）

1. 在哪些地方可以设计壁龛

在小户型内可以利用不规则的局部空间或者包管来设计壁龛，它不占建筑面积，在改善视觉效果的同时还能用来收纳。可以说，好的壁龛设计的实用性不亚于一个高档储物柜。壁龛还具有扩大室内空间的功能，这是因为凹入墙面的壁龛使人的视觉得以延伸，不会有堵的感觉。

①淋浴房壁龛（图2-69）：让淋浴房的瓶瓶罐罐变得随手可得。

很多人家中会采用置物架来安放洗发水、沐浴乳等洗漱用品，但置物架总显得与家里新派的装修格格不入，视觉上又略显凌乱。壁龛的设计既可以使整个空间风格融为一体，又能起到很好的收纳作用。

图 2-69 淋浴房壁龛

②马桶上方的壁龛：利用壁挂马桶上方的空间，见缝插针设计壁龛。

卫生间内可选择的收纳余地并不多，除了可收纳洗手台、镜柜之外，马桶上方也是收纳的黄金区域。

壁龛很好地隐藏了壁挂马桶的下水管道，又可以在上方打造储物柜，让卫浴间的收纳空间大大翻倍。甚至大尺寸的壁龛还可以安放一个洗手池，对于小户型来说，真是把空间利用到极致了。

③壁龛置物架（图2-70）：夹缝中的方寸空间利用。

在淋浴房包管的一侧打造一个高挑的大尺寸壁龛，虽然壁龛的深度有限，但足以满足卫浴所有杂物的储放，非常实用。

木质是非常有温度的装饰材料，如果想给冰冷的卫生间增添一丝温暖和自然气息，这无疑是非常好的材料，打造出来的壁龛简单而不寡淡，宁静而不冷清。将满是阳光味道的毛巾安放至此，最适宜不过了。

图 2-70　壁龛置物架

2. 怎样做壁龛?

那么，壁龛是怎么实现的呢？常见的壁龛做法有三种：

①墙壁开凿：墙壁开凿，顾名思义，就是在墙体上挖洞。墙体必须满足非承重墙和墙壁厚度不低于 25 cm 的条件，且尺寸要大于壁龛完成尺寸的 10 cm 左右，以便留足后期调整和贴砖的空间。施工中杜绝直接开凿半墙，避免造成墙体开裂和防水层、乳胶漆开裂。

②包管做壁龛：在包管道的同时做壁龛，将洗浴和收纳空间融为一体。中间的搁板有多种做法，可以用玻璃、砖砌成，也可以用不锈钢等材料打造而成。

③砌砖壁龛：利用夹缝空间、壁挂马桶上方空间等做壁龛，一般可以采用砌砖的方法，从墙边挑出 10 ~ 20 cm 就足够了，恰好是一个包下水管的宽度，对高度没有特殊的尺寸要求，一般距离地面 1 m 左右。砌砖壁龛的制作相对比较麻烦，且对施工工艺要求较高。施工时主要用 10 cm 以下的小砖制作壁龛，必须用整砖施工，这与施工前期的测量、放样和反复精确计算等密切相关。

　　这里重点介绍用包管砌砖制作壁龛的方法。为了不浪费空间，一般采用小砖，根据管道尺寸的空间条件来选择卧砌（把砖平放着砌，立面高为最短面）或者斗砌（把砖立起来砌，立面高为次宽面）。如果要安装水龙头，需要提前设计好位置并布好线管。壁龛的深度由于受到构造上的限制，通常从墙边挑出 10 ~ 20 cm，高度和大小要根据需求而定。整墙漆好以后，就可以抹水泥了。如果讲究点，抹平的时候可以做自流平工艺；如果想要后期瓷砖贴得更牢固一些，还可以挂网。如果卫生间管道实在太特殊，可以找专业的施工团队来量身定制，根据生活需求来打造个性化壁龛，让生活变得更有品位。

●盘点卫生间的常见问题

　　这里盘点一下卫生间的一些常见问题，可以帮你在装修之前规避这些"坑"。

　　①如果不想每天照镜子都雾里看花，那么防雾镜就很必要。防雾镜背后有电热丝发热，这样水分就不会凝结在镜子上了，再也不用担心洗澡的时候镜子上满是雾气（图 2-71）。

　　②台上盆难以清理。台上盆的确比较好看，但只有使用起来才知道原来它有那么多卫生死角。十八般清洁利器通通上场，才勉强把它清洁干净，可是没几天又恢复了原样。所以说，在卫生间、厨房这种经常有水的地方，还是使用台下盆比较好（图 2-72），方便打理才是正道。

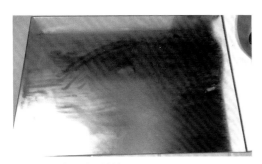

图 2-71　满是雾气的镜子

图 2-72　台上盆与台下盆

③凹凸造型的瓷砖不易清理。面对有造型感的瓷砖或墙饰（图2-73），很多人都没有抵抗力。如果永远不会有灰尘落上去，那么它一定是完美的墙壁装饰。但是往往这些墙饰造型之间的小缝隙处，就是你和细菌、污垢决斗的战场。因此，实用第一，清洁为上，美观相比较而言是次要的。

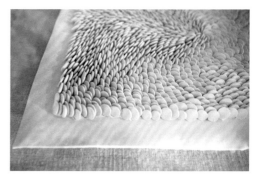

图2-73　有造型感的墙饰

④热水来得太慢，厨宝比热水器更靠谱。卫生间手盆想要使用热水，可以使用燃气热水器。但这样有一个缺点，热水来得比较慢，会浪费很多凉水。若是安装厨宝就不一样了，热水随用随有，还可以自动烧水，冬天再也不用惨兮兮地用凉水洗脸、刷牙了。

⑤廉价玻璃胶、填缝剂毁了美丽小花砖。装修时，工人师傅一般会使用自带的填缝剂、玻璃胶，当时你可能不会发现问题，但等住的时间久了，就会发现填充的地方有发黑发霉甚至严重变色的情况。所以，如果一定要使用玻璃胶、填缝剂，还是自己去买卫生间专用的防霉防水抗氧化的产品为好。好的产品虽然价格贵一点，但整栋屋子所需的量并不是很多，合计一下还是划算的。

⑥谨慎选择流行建材，一旦过时追悔莫及。闪闪发光的马赛克地面曾经风行一时，惹得一群装修的小伙伴们蠢蠢欲动。等真的把金光闪闪的地面铺在自家卫生间时，期待的格调和气氛却丝毫不见踪影，反而觉着有点纷乱刺眼。事实上，使用网络上流行的材料需要慎重，避免盲目跟风，有时网上的图片效果并不能复制到自己家中，乱用的结果可能会导致卫生间失去原本应有的使用体验。

⑦不要盲目安装浴缸，要根据具体情况而定。有些人装修的时候坚持要装个浴缸，等到入住新家之后才意识到一个问题——浴缸并不会被经常使用，或者就算常用，刷浴缸比自己洗澡还要费劲。洗澡前要清洗浴缸，洗完之后，一缸的脏水不能留着过夜，也需要清理。可是等把浴缸洗干净了，自己又弄得一身汗。若是摒弃泡浴的方式，站在浴缸里淋浴，结果是溅出去的水比淋在自己身上的还要多。所以要不要安装浴缸，得根据自家的实际情况和自己的生活习惯来决定（图2-74）。

当然，如果家里有两个卫生间，可以选择安装一个浴缸，用来浸泡大件衣物很方便，或者带着宝宝一起洗个泡泡浴也很不错。

⑧直角式大理石手盆台面，用起来都是痛。其实将浴室的手盆台面做成直角本身可能没什么影响，但如果干湿分离的门离手盆台面很近，或者马桶离手盆台面很近的话，磕磕碰碰是难免的。所以，如果卫生间面积比较小的话，可以选择圆弧形的手盆，即使磕碰到也不会因直角而造成太大伤害，毕竟安全第一。或者藏好直角（图 2-75），尽量避免磕碰的可能。

图 2-74　浴缸是好物，但要视具体情况决定是否安装

图 2-75　藏好直角的手盆台面，并使用圆弧形手盆（图片来自摄图网）

⑨玻璃门选材很重要。干湿分离是卫生间常见的分隔方式，隔断一般会选用玻璃材质。不过由于安装不当，或是环境有忽冷忽热的问题，玻璃隔断容易发生自爆。所以在选材上，要选择有防爆和自清洁功能的优质玻璃，安装时严格按照流程一步步进行，装好后再贴上防爆膜。这样，即使真的发生自爆，防爆膜也可以在一定程度上起到防护作用。

⑩千万不要在五金件上舍不得花钱。五金件一定要选择质量可靠的，不然在后续使用中会出现一系列问题，例如有不好清理的水渍、会生锈、不容易清理等。基于五金件的使用频率较高，如果质量不过关，使用寿命短，更换起来也是相当麻烦的。

⑪马桶旁留五孔插座。马桶旁留五孔插座是为升级更换智能马桶做准备。马桶盖的更换会提升生活质量，尤其冬天的时候，智能马桶的自加热功能真可谓一大福利。

⑫马桶要买好的（图2-76），否则会堵。装修时，一定要舍得在马桶上花钱，不要到堵了的时候再后悔。水件直接决定马桶的使用寿命，品牌马桶和普通马桶在这方面有很大区别，因此在选择马桶时一定要好好甄别水件的质量。鉴定方法之一就是听按钮的声音，一般情况下，以按钮能发出清脆的声音且顺畅不卡为最好。

图 2-76　马桶

选择马桶最重要的是实用性，因此马桶的冲水方式很重要。现在市面上的坐便器按照冲水原理来分的话，主要有直冲式和虹吸式两大类。

直冲式坐便器的优点是冲水过程短，没有返水弯，直冲方式容易冲下较大的污物；在冲排过程中不容易造成堵塞；从节水方面来说也比虹吸式坐便器好。但这种方式的缺点也很明显，冲水声大，且由于存水面较小，易出现结垢现象，防臭功能也不如虹吸式坐便器。再有，市场上直吸式坐便器种类较少，购买选择不多。

虹吸式坐便器的最大优点是冲水噪声小，甚至可以静音；从排污能力上来说，虹吸式容易冲掉黏附在马桶表面的污物；因为存水较高，防臭效果优于直冲式；而且市场上虹吸式坐便器品种较多，有更多选择。虹吸式坐便器的缺点是用水量较大，每次至少要用水 8 ~ 9 L，相对来说比较费水。另外，虹吸式坐便器的排水管直径一般为 5 ~ 6 cm，冲水时容易堵塞，所以不能把卫生纸直接扔在马桶里，一定要配备撖子。

⑬马桶坑距要适宜。马桶坑距是指马桶下水管中心与墙的距离，一般有 300 mm、350 mm、400 mm、450 mm 等，市场上标准尺寸为 300 mm 和 400 mm。在选用马桶时，如果准备在装修时贴瓷砖，一定要在贴完后再去测量坑距，否则会出现马桶买回来却装不上的问题。

⑭不要轻易改装马桶的下水。从原则上讲，轻易不要改动马桶的下水，因为改造后容易出现堵塞的情况。但如果马桶下水位置很不合理，可以用几种方法进行改动。

首先是利用移位器进行短距离改动，但最大距离不要超过 100 mm，否则会影响冲排效果。使用后很容易冲水不畅，因此使用前要慎重考虑。

其次是移动下水管道的位置。如果想这么做，要先和楼下住户商量好，因为这需要在楼下住户卫生间的顶棚上重新打一个新的坑位。如果是新楼毛坯房装修，这会容易得多；但如果是旧楼改造，楼下邻居的顶棚早已铺设好，恐怕很难说服人家拆掉顶棚，只为让楼上邻居移动下水道。而且这个方案也很麻烦，后续可能出现漏水的问题。

最后是增加地面高度。增高地面并移位马桶，就是在地面埋设管道，将其引到马桶需要移位的地方，这样就必须垫高地面，以便把管道埋住。垫高地面后，需要上一个台阶才能进入到卫生间，不注意的话比较容易摔倒，尤其家里有老人和小孩的话，有些不方便。

⑮排水设计很重要。卫生间用水比较多，尤其是洗澡的时候，如果地面排水不畅，很有可能会"水漫金山"。因此，卫生间地面要有一定坡度，特别是地漏的位置要低于地面。回形处理最便于迅速排净积水（图2-77）。

图 2-77　回形地漏

⑯不要忽略下水管的隔声处理。卫生间和厨房装修时，在用轻质砖把立管包起来之前，应先做隔声处理，不然每天下水管的声音会让人苦不堪言。这道工序不太复杂，花费也不多。

解决下水管噪声有两种方案：一是用消声岩棉或其他隔声材料包住水管隔声，现在市场上有专用于包水管的隔声材料，使用方便，价格也比较实惠；二是将 PVC 管换成螺旋消音管，现在一些新建房本身就采用螺旋管，因此不用特别做隔声，声音也不大。

⑰提前计划是否安装热水管。在安装卫生间里的手盆、马桶、浴缸和安排洗衣机的位置之前，最好预估一下是否需要热水管。如果需要，要请工人师傅提前预备材料。这是很必要的工序，不然没有热水管，住进来之后就要在寒冷的冬天用冷水洗脸、洗衣服了。最好所有水龙头都预留热水管，否则日后想补救会很难。

第六节

在你忽略的角落塞下一个工作台

对于小户型来说，如果无法设计出专门的工作房间，那么在哪里可以实现办公功能呢？本节就来介绍一下那些容易被忽略的地方，说不定就可以塞下一个工作台，替代专门用来工作、读书的书房。

①做柜子时，留出一块工作区域。小户型空间紧凑，留出一个工作房间不太现实，但打造一个工作区域还是可以的。

现在市面上大部分柜子都可以实现量身定制，与其中规中矩地做一整面柜子，不如留出一小部分空间安插书桌（图2-78），打造一个多功能区域。也可以在柜子一侧安插工作台，比较适合面积不大的儿童房、老人房。这样，全屋只用一种板材就能实现柜子、书桌甚至加上储物床的三大功能区域。

施工难度	★★
实用指数	★★★★

图2-78　柜子中的一块书桌（图片由美豪斯提供）

②在窗台处搭一个搁板桌（图2-79），合理利用自然光。小户型是要大飘窗还是工作台，必须有所取舍。实木木板既好看，又便于安装，就是用久了的话，可能缺少放书和杂物的地方。

施工难度	★
实用指数	★★★

图2-79　在窗台处搭出一个工作台

如果预算富余，可以找木工定制一个带抽屉的实木书桌，这样平时用到的纸、笔、电脑周边、各种票据等零碎物品就有地方收纳了，用起来也方便。

当然，你也可以在窗户两边定制柜子和置物架（图2-80），这样再多的书也放得下。利用柜子和窗户拐角处，设计一个L形简易书房，空间利用率也很高。

如果你家的窗户下面正好有一组暖气片，可以在上面加一个台面，平时当工作书桌，翻开桌面则变成一个化妆台。

图 2-80　窗户边上也可以放工作台

③设计用心的翻叠书桌（图2-81）。顾名思义，翻叠书桌翻开后可以变成一个立体小书桌。这种新颖的设计很受年轻人欢迎，但一般面积比较小，适合偶尔有工作需求的家庭。

施工难度	★★★
实用指数	★★

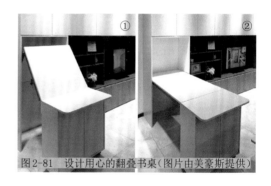

图 2-81　设计用心的翻叠书桌（图片由美豪斯提供）

施工难度	★
实用指数	★★★

④阳台变书房（图2-82），比较适合家里有两个阳台的房子。不过将阳台改造成小书房，要注意这样几点：首先，可以利用阳台墙面比较多的地方放置书桌；其次，阳台往往灰尘较多，而且容易暴晒，应尽量把书本放在有柜门的储物柜里；再次，由于南向阳台光线充足，但白天较晒，可以利用北向阳台，将其改为书房；最后，在阅读和休憩时拉上纱帘，可以在保证足够光线的同时使光线更加柔和。

如果窗台过高，可以临窗设计一个吧台式书桌，即使两人一起工作，空间也够用。

图 2-82　将阳台打造成书房

⑤沙发不靠墙，空出的空间改放书桌（图2-83）。沙发后可以放置一个宽 2 m 左右的工作台，放两个电脑都绰绰有余，不过这只适合客厅宽度 4 m 以上的空间。

空间改造没有固定模式，符合居住者生活习惯的就是最合适的设计。所以沙发也不一定要靠墙放，稍微挪出 1 m 的空间，就能挤下一个工作台。

其实只要空间分配得当，书房和客厅完全可以合二为一，利用时间差的概念来灵活利用空间——白天和家人一起使用客厅，晚上家人都休息时，可以在书桌前享受静谧的独处时光。

施工难度	★
实用指数	★★★★

图 2-83　在沙发背后放书桌，隔出一块工作区

⑥在卧室一角挤出工作区域。在床头拐角处，刚好可以塞下一个小书桌，若是设计得好，还可以实现飘窗、床头柜三大功能区，做到将空间极致利用。

除了可以将书桌放在床头拐角处，还可以隐藏在纱帘后面，也别具特色。休息时拉上飘逸的纱帘，就可以遮挡住凌乱的工作区域。

如果卧室宽度有限，可以在电视墙设计一个长条形壁挂柜，宽度能放得下电脑即可。若是舍弃床头柜，安装一个工作台也不错（图2-84）。

在狭窄的空间里，可以利用床与书桌的高度差巧妙设计，坐在床尾把腿伸进空隙处，总比在床上支一个折叠桌要舒服得多。

施工难度	★
实用指数	★★★★

图 2-84　床头工作台

⑦门后的隐藏式书桌，有点类似衣帽间那种隔间。由于工作区域一般会比较凌乱，所以隐藏式设计很有创意，在不用的时候可以关上门，不影响房间的整洁度。

这样的设计可谓别出心裁，但是不太好处理椅子，因为总得搬来搬去。毫无疑问，你需要一把较轻、易挪动的椅子。这大概是影响用户是否选择这种设计的一个关键点。

施工难度	★★★★
实用指数	★★★

⑧在夹缝处打造书桌（图2-85）。家中总会有一些夹缝空间，本来一直用来堆放杂物，装修时可以将其设计打造成一个学习工作区。

一般这种情况下，定制一个搁板即可。在定制搁板的时候，若能定制得宽一点，就可以把搁板当成书桌来用，既经济又实惠。当然，也可以在这里直接放一个小型书桌。

施工难度	★★
实用指数	★★★★★

图2-85 在夹缝处打造书桌

第七节

让女主人无法抗拒的衣帽间

拥有一个漂亮的衣帽间是每个女孩子的梦想（图2-86）。每天可以在里面换各种漂亮的衣服，想想就觉得开心。那么，怎样在现有的空间里设计出一个满意的衣帽间呢？

图2-86 衣帽间

● 哪些空间可以用来改造衣帽间？

①主卧卫生间。现在很多家庭的主卧都会多出来一个卫生间，用来打造衣帽间再合适不过了。设置几个隔断，放几个柜子，安几根支架……怎样放置都可以，只要整齐、有序就好。这样，卧室内就可以不用放置大衣柜，能节省不少空间。或者在原卧室隔出一个空间用来专门打造衣帽间（图2-87），也是很不错的。

图2-87 利用卧室空间打造衣帽间

②阳台。如果房子恰好拥有两个阳台，衣帽间完全可以用包围设计来实现。当阳光洒满阳台时，让衣服们也晒晒太阳。

③楼梯间。拥有楼梯间的家庭经常将其作为储藏室，别忘了这其实也可以用来打造衣帽间。推拉设计可以提高空间的利用率，材料的选择应与楼梯风格类似。特别是对于那些喜欢收藏高跟鞋的女生来讲，采用这样的设计，出门前下楼换上外出衣鞋，就不用踩着高跟鞋爬楼梯了。

④阁楼。阁楼拥有较好的私密性，是改装衣帽间的绝佳选址，挑高的设计无形中增加了空间，房顶的窗户让房间有很好的采光，也避免阁楼过于潮湿。

⑤墙体。如果实在没有闲置的空间，还可以找一面墙，粉刷成自己喜欢的颜色，再对墙体进行支架改装，不用繁杂的装修也能够拥有专属的衣帽间（图2-88）。可以将衣服直接挂在架子上，也可以置办一些收纳箱，让衣帽间更加整齐。

⑥隔断。隔断是一种常见的改装方式。选择较大面积的房间进行隔断，在有限的空间里合理收纳，再进行适当地装饰，不仅能够提高空间利用率，还可以点亮整体风格（图2-89）。

图2-88 利用墙体打造衣帽间　　　　　　　图2-89 使用隔断打造衣帽间

●改造衣帽间需要注意的问题

①照明要科学。因为大部分衣帽间都没有窗户，所以需要科学照明。最好选择内置灯泡外加灯罩的灯具，以免造成安全隐患。也应该配合主人的习惯考虑开关的位置。

②五金配件好。因为衣帽间要长时间使用，所以五金设备一定要有质量保证。若是一时贪便宜买了不好的配件，可能会造成日后更多的麻烦。

③增强收纳功能。衣帽间的壁柜不要采用开放式，所有衣服都暴露在外面，很容易杂乱无章。因此，在设计分割时要考虑好，在安置隔板之前，充分评估主人所放物体的尺寸，包括长度、体积与重量等，再进行安装。

④注意空气流通。在设计装修衣帽间的时候，为保证室内环境达到绿色要求，必须考虑空气的流通问题，避免在潮湿季节发生虫蛀、发霉等现象。如果是单独的衣帽间，最好把门设计成百叶格状，既可以保持空气流通，又可以节省空间。

●从空间看需要注意的问题

①如果房子面积比较大，可将主卧与卫生间以衣帽间相连，极大释放衣帽间的功能。

②有宽敞卫浴间的家居，可利用入口做一排衣柜，再设置大面积穿衣镜来延伸视觉，使日常生活更加方便、快捷。

③如果是独立的衣帽间，设计时要合理安排灯光、色调等元素，使之既融入室内整体风格，又保持独特的情调。

●从面积看需要注意的问题

衣帽间的面积不需要太大，一般来说 4 m² 左右就可以了。可以利用隔板、抽屉等存放大量衣物，除衣服外，还可以放置鞋帽、手袋、浴巾、床上用品等。衣帽间内部需要根据衣物的不同进行分区，如内衣区、鞋袜区等（图 2-90）。

图 2-90　衣帽间需分区

●从颜色看需要注意的问题

衣帽间可以根据主人的喜好和整体居室风格任意搭配色彩和造型，具有很大的可塑性。如果主人深颜色的衣服比较多，可以选择浅颜色的底材进行装修设计；如果白色衣物比较多，不妨大胆使用深色材料。如果希望衣帽间具有一定品位，还可以考虑使用壁布。

第八节

孩子真正需要一个什么样的房间？

首先说明一下，儿童房不必过早布置，因为你无法预料孩子到底喜欢什么。当孩子真正需要儿童房的时候，总会遇到一些问题，再周全细心的布置，也有考虑不到的地方，过早布置会浪费资源。而且孩子才是儿童房真正的使用者，要根据他们的喜好来布置，而不是先布置好再让孩子来适应。

一般来讲，理论上孩子在三岁之前都可以睡在婴儿车上，或者与父母一起睡。到了三岁以后，就可以开始布置儿童房了。

本节就来谈一谈怎样定制一个儿童房。

●孩子喜欢什么样的风格？

在讲儿童房之前，先说下同样与儿童生活相关的幼儿园。幼儿园里经常是五颜六色、花花绿绿，有仿真小房子、小汽车等，显得十分童真、活泼、有朝气，大人们也都希望孩子可以在这样一个多彩的世界里健康成长。然而孩子们的想象力其实很丰富，如果将过多元素硬性加到他们的活动区，会给他们填塞过多大人的想法，影响孩子自己的想象力。

如果以这种思路来定制儿童房，恐怕也会出现同样的问题。因此，要适当强调儿童房的个性化。当然，也不宜搞得过度。因为孩子会慢慢长大，而儿童房并不具备随着孩子一起长大的功能。

首先，孩子需要充满趣味性的空间。为什么孩子会对商场里的游乐园充满兴趣并恋恋不舍？那是因为一些趣味元素让孩子产生了好奇，并且无法抗拒其吸引力。

我们在装修儿童房的时候就可以设计一些趣味元素，比如房子的造型、拓展游戏、几何造型等，开发孩子的想象力。但整个房间的造型要尽量简约，风格元素要统一。比如，鲜艳且丰富的色彩可以让儿童房充满活跃的气息（图2-91）。而利用墙面空间设计一个攀岩区（要注意安全方面的设计），可让家中充满乐趣。

图2-91 色彩鲜艳的儿童房

其次，孩子喜欢让他们可以自由创作的空间。打造儿童房，不要为了追求创意而创意，要先搞清楚一点，即孩子是主体，儿童房是为了帮助孩子更好地生活。

孩子们的想象力要维护，但是不要用大人的思维去想象孩子的想象力。这就需要去除多余的元素，让孩子们有空间展示自己的思想。

给孩子一幅梵高的画，不如给他一面黑板墙和粉笔（图 2-92）。把孩子的房间布置得五彩斑斓，不如让房间尽量减少颜色，让孩子去填充那些缺失的色彩。

总之，没有风格的儿童房才是最好的。

图 2-92　给孩子一面黑板墙

●打造儿童房要注意些什么？

儿童房不用创意十足，将想法付诸实施更需要用心。

首先，功能要齐全。除了睡觉、玩游戏、收纳等，这里还要承担孩子的兴趣爱好聚集地的功能（图 2-93）。将有限的空间进行合理安排，小户型内不要买太大的玩具或者复杂的床，因为孩子会长大，床在以后要更换。

其次，要注意安全。孩子用的家具一定要牢固、环保（图 2-94）。

图 2-93　体现孩子兴趣爱好的儿童房

图 2-94　孩子用的家具要安全、环保

①儿童家具一定要注重环保。这里要说一下，实木家具不一定环保，因为如果是实木拼接的话，有时会有严重的胶污染。另外，非水性漆涂刷的实木家具也不环保。当然，要选择板材家具，也要挑选接近天然木材生产工艺的爱格板材。总之，在家具的选择上一定要严格把关，买来的家具才可以放心给孩子使用。

②整屋都需要圆角设计。圆角可以避免磕碰，或者购买包边防摔条等贴到家具上。

③再结实的家具也要固定在墙上。不论你是否听说过"柜子伤人事件"，你都要知道，所有的柜子都可能出现类似的安全隐患。如果家里的柜子高度超过1m，或者柜子有抽屉，而孩子又喜欢经常拉抽屉，甚至想坐在抽屉里面玩耍，家长就要留意了。无论实木家具还是板材家具，都需要找专业人员将它牢牢地固定在墙上，避免安全隐患。

最后，再考虑儿童房内有意思、有创意的设计，但是要注意适度，否则过犹不及。

●孩子房间比大人房间更需要储物空间

孩子的小件玩具可以有一大堆，而大的玩具有一个就足够了。比如模拟厨房做饭的大玩具，或者未来钢琴家的启蒙版钢琴，都需要一个单独的空间来存放。儿童房空间大的话，可以事先预留出这样一个空间，否则还是不要考虑了。小的玩具可以用收纳箱、收纳盒来装，在儿童房内一定要给这些玩具预留一个地方，最好能让孩子自己进行简单收纳。

整理玩具和书本需要很多收纳箱，可以买统一的样式，然后贴标签进行区分，这样会比较美观。而有一些玩具，比如小男孩手中各式各样的汽车，往往是让妈妈们头疼的存在，因此打造一个玩具收纳架就很有必要了（图2-95）。

如果条件允许，建议在儿童房定制置顶柜子，收纳效果立竿见影，可以最大限度地合理利用空间。从长远来看，一个多功能的柜子能满足未来多年的居住需求。

总之，儿童房是一项大工程，也是一项慢慢改变和完善的工程。孩子一直在成长，好的儿童房应该是能和孩子一起成长的。不能一蹴而就，变化着的样子才是儿童房最有意思的地方。

图2-95　给孩子的玩具打造一个收纳架

第九节

利用好阳台，家里仿佛多了几间房

在楼房中生活，阳台是我们最能亲近室外的空间。添加装饰也好，用来储物也罢，重新设计一下阳台，窗外的美景都可以为我们所拥有。

●实用派：阳台里的洗衣房

①阳台防水很重要。对于"阳台可以做什么"这个问题，很多人脑海中闪过的第一印象便是洗衣房。事实上，不论阳台有何种用途，首先要做的就是防水，包括地面防水和推拉门防水。

做阳台地面防水首先要确保地面有坡度，低的一边为排水口。如果出现积水，水可以从高到低流向排水口。阳台和客厅至少要有 2 ~ 3 cm 的高度差。否则，两个居室地面在同一高度，一旦阳台发生漏水，就会殃及客厅。

推拉门防水要使用防水框进行封闭，门要有很好的密封性和防潮性。在阴雨天或是在阳台盥洗衣服时，要确保地漏畅通，避免地面大量积水。

②墙上一体式洗衣柜。打造适合的洗衣柜，会让阳台洗衣房使用起来更便捷（图 2-96）。

针对阳台空间局促的特点，可以设计一个和墙融为一体的洗衣墙柜。在墙柜下方空间安放洗衣机和洗手盆，洗手盆下方的空间内可收纳各种清洁用品。

若是阳台空间允许，可以定制一体式洗衣柜，充分利用阳台门一侧的边角空间，洗衣机、烘干机这些大物件也可以妥帖地被收纳进柜。一面柜成就一个洗衣房，集盥洗、烘干、清洁、装饰于一体。

图 2-96　利用阳台打造洗衣空间（图①来自我图网，图②由美豪斯提供）

③灵活便捷的晾衣架，洗衣服怎能少得了它！

很多阳台的层高较矮，使用传统的升降晾衣杆不太适合，一是会遮挡阳光，二是会显得空间有些压抑。因此，可以尝试一下晾晒方便、收纳便捷的洗衣架。比如可根据空间纵向距离自由升降的晾衣架，在阳台、室内皆可使用，只要将其固定好位置，拧紧即可。还有一种横向四槽晾衣架，背后的吸盘可将它吸附在玻璃、镜面、瓷砖、仿古砖或人造石等材质上，不占用过多空间，在方寸之间便可晾晒衣物。

● 理想派：美好的休憩时光 ······

想观赏户外的景色吗？其实不用去外边，在家里的阳台就足够了。不管是阳台上隔热隔凉的木地板，还是舒服的靠垫和沙发，坐于其间眺望远处的美景，再伴着微风拂面，香茶入口，怎一个"美"字了得！

①折叠桌椅。觉得靠墙的卡座太孤单？那就给它搭配一对可折叠的桌子和椅子吧。挥一挥手，便可举杯邀明月。

②长条桌椅。如果不想搞那么多花样，长条凳和长条桌也可以给阳台打造一片休憩小空间。如果对意境有要求，那不妨用几盆绿植或者盆栽进行装饰。

图2-97　在阳台打造一个榻榻米

③实用榻榻米（图2-97）。从实用角度出发，在阳台弄个地台或者榻榻米，既能储物，又可以在这里悠闲地读书、喝茶。不过这么做的前提是阳台窗户可以防风防沙，具有很好的保温效果。不然到了冬天，这里北风呼呼，那就一点悠闲的心情也没有了。

④梦想中的卡座（图2-98）。卡座并不是大空间的专属品，在阳台相对狭小的地方，卡座也是不错的选择。可以不用去购买特制的卡座，用收纳箱搭配好看的布艺坐垫和靠背软垫，一个简单的卡座就组装而成了。

图2-98　在阳台上使用卡座

●读书派：阳台里的小书房

如果家在顶楼或者有阁楼，用这么一处阳光房来做书房再好不过了（图2-99）。可以在墙上定制尺寸合适的书柜，书籍和办公用品都可以收纳其中；或是在转角处放上一张桌子，经常在这里写写画画，偶尔抬头看看湛蓝天空和轻盈飞鸟；抑或在阳台的一角放上置物架，把书籍排列整齐。阳光灿烂的午后，搬把椅子到这里，或者坐在沙发上，或者干脆席地而坐，读一本书，给自己一段恬静的时光（图2-100）。

图2-99　利用阳台打造书房　　　　　图2-100　阳台上的读书时光

●森系派：绿意盈盈的花园

养绿植首选的地方就是阳台，这里采光条件好，可以给绿植充分的阳光滋养。

①悬挂的绿植（图2-101）：很多人喜欢养绿植，因为在家居中有一抹绿色，会感觉到生命的勃勃气息。精致的玻璃器皿或是瓷器小罐儿可以随处买到，在里面填上土，把绿植种下去，就可悬挂在阳台各处。定期修剪叶子、更换泥土，别忘记浇水，绿植就会长得很好。待绿植长叶及腰，随风摇曳，就会体验到一种"家有小绿初长成"的欣喜。

图2-101　阳台上可以悬挂绿植

②绿茵成墙（图2-102）：在墙面安装富有造型感的木格，然后把各种绿植悬挂在各个格子的交接点上，一面有生命力的绿植墙就打造好了，而且不占用地面空间。

还有一种方法，选用有造型感的支架或搁板，把绿植摆放上去。或凌乱，或整齐，不管怎样，都是一派生机盎然的繁荣景象。

图2-102 挂满绿植的木墙（图片来自我图网）

③灯光里的绿色：如果能够好好利用，废弃灯泡也能变废为宝。用老虎钳把灯泡尾部连接灯丝的地方捏碎，用螺丝刀将灯泡里面的灯芯取出来，就可以得到完整的空心灯泡。接下来就让泥土、水和种子来发挥创意吧。

阳台就在那里，想好怎么改造了吗？如果实在没主意，拉着床垫窝在阳台也是个悠闲的好方法。

第十节

不拘一格，改造空间

要改造空间，其实并不局限于特定空间。有一些设计可以因地制宜，在点缀室内的同时，还可以加强动线，让整个空间更加贯通。本节介绍两方面内容，一是随处可以设置的阅读角，二是可以加强空间沟通关系的室内窗。

● 给自己安排一个安静舒适的阅读角

如今手机已成为获取知识的重要来源，甚至很多人连工作都是通过手机来完成的。所以，比起书房，你可能更需要一个可以安静刷手机或看书的地方。这个地方应该是自由、灵活且能提高工作效率的空间。

1. 阅读的地方选在哪里最合适？

答案是：找一个家里采光最充足的地方。可是屋内采光好的地方通常都用来栽花、晾衣服了，该怎么办？利用人造光源同样可以打造一个舒适的阅读空间。当然，不是什么灯泡都能拿来用的，一定要挑选光线柔和、亮度适宜不刺眼的节能灯泡，最好购买中性光源。使用照明灯时，看书、学习的时间也不能太久，1小时后就应适当休息10分钟，向远处眺望，或在室内放松活动一下。

具体来讲，选择合适的阅读灯泡要注意这样几点：

①采用暖白色光源：色温为3200～3400 K，从视觉生理来讲，暖白色光源最符合人眼视觉生理需要。

②直观台灯（图2-103）：光线不可直射或折射眼睛，要严格消除刺眼光。有一个简易的测试方法，在眼睛距读写桌面的高度为400 mm、离台灯光源中心的水平距离为600 mm处时，如果看不到台灯灯罩内的直射或折射光线，就可以了。

图2-103　台灯

③如果是直立式落地灯，尽量不要选择彩色和深色系灯罩，因为会导致光源色偏（指某种颜色的色相、饱和度与真实情况有明显区别），影响阅读效果。

④一般来说，台灯可以选择使用 30 W 左右的白炽灯、10 ~ 15 W 的荧光灯及 6 W 左右的 LED 灯。建议使用 LED 灯。

想象一下，在落地书架的旁边安置一把舒适的椅子，用一盏夹在书架格子上的台灯或者落地灯给这个读书角提供合适的光源，这个画面是不是很有文艺感呢（图 2-104）？

当然，在属于自己的小天地，完全可以按照自己最喜欢的样子来打造，比如利用装饰画、地毯或者造型灯、别致的茶几等来营造一个有格调的空间，每天一回家就会不自觉地坐在这里想事情、看看书、发发微信。

图 2-104　用书架、落地灯和椅子打造的阅读角

2. 要阅读，家具怎么选？

不少人被网上的家居美图吸引，看到一张漂亮的图便照着图里的椅子买一把同样的，结果外观倒是好看了，坐起来却相当不舒服。确实，有些东西可以说是样子货，不一定实用。读书时坐着舒服最重要，否则坐不了几分钟就腰酸背痛，还没有在床上看书舒服。

如果读书时不想正襟危坐，而是想姿势随意一点、懒散一点，可以考虑懒人沙发（图 2-105）。懒人沙发没有空间局限，放在哪里都可以。如果客厅有人看电视，就拎去阳台；或者在落地窗边，拽过胖墩墩的懒人沙发就地一坐，伴着阳光，就可以开始一段美好的阅读时光。

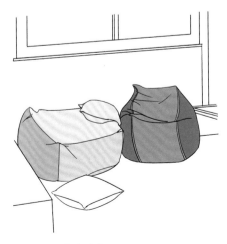

图 2-105　懒人沙发

临窗而建的飘窗，搭配柔软的垫子和靠枕，也可以打造成舒适的读书角。若能好好利用飘窗周围的墙壁空间，设计各种柜子，储物能力不容小觑。比如，在临墙的书架上摆满各式书籍，就可以在可坐可躺的飘窗上享受宁静的个人空间（图2-106）。

不过需要注意的是，飘窗的宽度不能低于60 cm，否则坐起来会不舒服，靠垫一定要大、厚、软，让整个身体包裹其中才是最佳的状态。

还有一种开角120°的半躺式椅子可供选择。从人体工学的角度来看，半躺的姿势是舒服且不易劳累的最佳状态，所以挑选一个半躺式躺椅也可以舒缓疲劳（图2-107）。躺椅可以随意搬动位置，非常灵活实用。随着阳光的光线挪动沙发椅或躺椅，可以找到最适合读书的光源。

当然，如果能给以上这些家具配一个脚蹬，会更惬意。我们有时候坐在沙发上时间久了，总想找个东西把脚搭上去，其实这就是身体发出的"不舒服"的信号，提醒你该换姿势了。带脚蹬的沙发可以给身体舒适的倚靠，同时也解放了腿和脚。此外，坐在沙发上，把电脑放在腿上，可以工作、读书、游戏，十分惬意悠闲。

图2-106　飘窗可作为阅读角　　图2-107　躺椅

3. 怎样营造读书氛围？

不知道你有没有这样的经历，花费重金装修了一间自己满意的书房，在实际生活中利用率却很低，最终沦为家人的杂物间。

其实，书房不一定非要局限在某一个空间里，也没必要装修成网络上美图的样子。真正实用的书房最重要的是读书氛围，就像你偶然经过书架无意中拿了一本书，就不自觉地想要坐下来品读的感觉一样。在书架旁放置沙发、椅子或者各种舒服的坐具，就会有一种小书房的感觉。安静的一角，可以让人心无旁骛地学习和阅读。其实，书架无形中营造了家庭的读书氛围（图2-108），孩子阅读习惯的养成跟家居设计有很大关系。

然而，并不是所有的户型都能有一面墙用来定制书架。如果家里空间有限，那么打造一个小书立式的家具也不错。或者把现在非常流行的小边几放在沙发旁边，可随时取书看书，既美观又实用。

再就是可以席地而坐的角落。如果家里有一个这样的角落，在沙发上坐下，把脚搭在另一边的椅子上，一手拿书，一手抚摸着"喵星人"的毛，这个角落，坐下就不想再站起来。

图 2-108　用书架打造家庭读书氛围

4．不能忽略沙发的选材

阅读角的坐具选择多样化，沙发也是其中之一。沙发的布艺搭配，要根据整体家居风格来决定（图2-109）。

如何挑选到心仪的沙发呢？在买沙发之前，最好试坐一下，感受沙发的软硬程度。沙发的软硬要适宜，太松软的不一定就是好的，因为整个人陷入沙发里会有昏昏欲睡的感觉，所以要舒适有度。

布艺沙发的填充物主要有羽绒、海绵、人造海绵几种。

图 2-109　沙发布艺要与家居风格搭配

首先是羽绒。羽绒有很好的蓬松性，用它来做沙发填充物，坐感比一般的沙发更加舒适，而且不易变形，所以使用寿命长。不过这种羽绒填充物的沙发回弹比较慢，制作成本也比较高。

其次是海绵。海绵是现代最常用的一种沙发填充物材质，又被称为软质聚氨酯泡沫。它主要分为三大类，即常规海绵、高回弹海绵和乱孔海绵。其中常规海绵有较高的回弹性、柔软性和透气性；高回弹海绵的机械性能和回弹性比常规海绵更佳，压缩负荷大，耐燃性和透气性都较好；乱孔海绵是一种与天然海藻相仿的内孔径大小不一的海绵，它的回弹性最佳，压缩和回弹时都具有极好的缓冲性。

最后是人造海绵。人造海绵是最常用的沙发填充物，柔软度非常好，人坐上去的感觉也很舒适，但缺点是机械性能比较差，负荷能力也较小，只适宜用来做沙发靠垫的内部填充物。一般商家会采用常规海绵和人造海绵混合的方式来填充沙发。

5. 关于椅子的事情

前面讲了怎样选一个角落读书、看手机的问题，这里主要讲讲关于椅子的事情。

首先，什么高度的椅子坐着最舒适？一般来说，椅子的高度应等于小腿长度，坐下后小腿自然下垂，脚掌正好落地。椅子太高的话，小腿悬空，大腿会处于受压迫的状态；椅子太低的话，大腿有一部分会脱离椅子座面，人体重量集中到臀部，坐久了也会不舒服。

以坐为主的椅子，椅面深度应该等于大腿的长度，坐下后膝关节的弯处正好到椅边。椅面太深，腰背无依靠；椅面太浅，大腿没有足够的支撑点，坐着会不舒服且易疲劳。

椅面和椅背的材料，其内部结构应足够坚实，但表面要有一定厚度的弹性层，这样才会比较舒适。由于椅面和椅背会跟人体接触，所以还应该透气、耐磨、耐脏，且不容易跟人体或衣物产生静电。

那么，怎样挑选经久耐用的椅子呢？实木椅腿的选材非常讲究，不能有疤节，一般不能拼接，必须为整木。以硬杂木等制作的椅子较为结实耐用，如胡桃木、橡木、白蜡木等。若是买金属椅子的话，要注意钢管等金属材料的管壁厚度，一般来说，越厚越结实。

●室内窗的学问：通风、显大、有格调 ·······

提起室内窗，乍一听你可能不知道是什么。但我要告诉你，你其实很熟悉它——它几乎伴随了我们的整个学生时代。回想一下那些年老师在门后小玻璃窗"暗中观察"我们睡觉的日子，是不是记忆犹新？那个小窗户就是室内窗。

室内窗其实一直都在，只不过后来很少用于家里。以前的很多老房子有室内窗，比如在门的上方，或者在卧室、厨房等空间的墙上。因为那时候的房子面积小，采光也不好，所以需要室内窗帮忙改善。

如今，室内窗在日本又开始流行起来了，想必国内的室内设计师也会随着潮流学习一些优秀案例然后应用到自己的设计中。所以，好的东西永远不会过时，室内窗可以让你在不用绞尽脑汁改造户型的情况下把家提高一个亮度，提升通透感，改善视觉上的效果，并且还有装饰的作用（图2-110）。

图2-110 提升通透感的室内窗

1. 哪些地方可以安装室内窗

①玄关处、狭长走廊处：在玄关、走廊设置室内窗，有一种未进家门先闻家声、闻饭香的氛围，因为室内窗也有隔断的作用，似隔非隔，但是比隔断的区分感更强。

②厨房和餐厅、客厅之间（图2-111）：如果你想营造一个开放式厨房，但是又担心油烟问题，可以在厨房和餐厅之间设置室内窗，只需注意不要把窗户设在灶台处就可以了。因为时间久了，油渍会把窗户封死，清理的时候很费力。

室内窗还可以营造出一种吧台的感觉，一边做饭一边聊天，家人之间互动很方便，还顺便解决了客厅小、吃饭空间局促的困扰。这里就好像一个温馨的小餐馆，有时候来客人，有时候是一家人，窗户就是那个无声地传递日常生活场景的载体。

图2-111 客厅与餐厅之间的室内窗（案例及图片提供：秋刀哥工作室）

如果家里没有餐厅，那么厨房和客厅之间也可以加个室内窗。这样可以丰富客厅的外观，在客厅透过窗户看厨房，厨房就成了客厅的背景。这种天然的装饰丝毫不刻意，很有生活的感觉。不过这样设计时需要注意，厨房的橱柜颜色和客厅协调一些会比较好。客厅有窗，厨房有窗，它们之间还有窗，亮度会双倍提高。

③书房、客厅之间：如果家中面积不大，又想装一个小书房，可以在客厅或者合适的位置隔出一个小空间，用室内窗的形式来采光，并隔断外边的世界。读书需要良好的光线，但大面积的玻璃门隔声效果差，不能让人安下心来；而完全封闭的空间又有些压抑，不够敞亮。安装了室内窗的房间采光好又安静，还能通风，可以保证在这里学习、工作的效率，再合适不过了。

2. 室内窗的风格与样式

室内窗如果用得好，可以让屋子的每个地方都能通风透气。对于一个屋子来说，通风很重要，在天气好的时候一定要开窗通风，呼吸下新鲜的空气。同时，室内窗还给空间增加了通透宽敞的感觉，在视觉上起到放大空间感的作用，此外还有装饰的效果。不过可供选择的室内窗种类并不多，就那么几种，分为全透明室内窗和半透明室内窗，后者又可分为磨砂玻璃和使用磨砂玻璃膜两种。室内窗种类虽然不多，但并不单调，磨砂玻璃也有很多图案和样式，不要选过于烦琐的，简单的图案就很好看。

①高冷的工业风：窗户框一般就是木色、黑色（图2-112）、白色，都比较百搭。黑色的可以用金属框架实现，有一点工业风或者比较高冷的感觉，但是很有气质。如果实在不知道用什么样式的室内窗时，就可以考虑选择这样的风格，大概率不会出错。

图2-112　黑色窗框

②温馨美式：白色或木色的室内窗有比较温馨的感觉，并且带有一丝老时光的味道，给空间增加一些生活的烟火气。如果偏爱日式，也可以选择用这种。其实木色比白色更有日式风格的味道，因为白色窗框除了日式风格外，还可以做成北欧风格或者美式风格（图2-113）。

③大窗细框，小窗粗框：玻璃框架越粗，越有踏实的感觉。粗的框架比较适合小一点的窗户，这样会有装饰效果，可以替代挂画之类的装饰，不过会弱化让空间显大的效果。

有些墙上通风用的小窗户，窗户框也比较粗，这里的玻璃也比较厚。由于这种室内窗一般是在卧室或者卫生间等注重隐私的地方使用，所以可以考虑选用磨砂玻璃。

相比之下，细窗户框更适合大面积的室内窗。因为面积大，看上去比较宽敞，采光也好，用细框更相称。

总之，想要采光和通透性好，就用大窗细框；对采光要求不高，更多的是想用室内窗做装饰，就可以用小窗粗框（图2-114）。当然，这也不是一概而论，根据自己家的具体情况来决定就好。

图 2-113　白色窗框

图 2-114　小窗粗框

3. 怎样安装室内窗？

那么，要怎样安装室内窗呢？有两种办法，一是砸墙（注意承重墙不能砸），二是新砌一面带窗的墙。砸墙一般是因为采光不好、空间又压抑；添墙一般是因为需要增加功能性空间，比如在开间添墙。墙上的室内窗虽然对空间有所改变，但对原来空间优点的破坏程度却较低，可以说是很机智的方法。如果不想伤筋动骨，还有一个办法就是定制柜子，柜子和室内窗的结合也非常巧妙，在玄关使用很是别致。此外，还有一个适合懒人的方法，就是用镜子拼成一个假室内窗，远远看去跟窗户的效果一样，适合比较开阔的空间。

总之，室内窗是个神奇的存在，一扇窗可以让一个空间灵动起来，让家里的气氛热闹起来，还能带你回到小时候的记忆中……

03

第三章

懂一点配色和风格，
提升家的品位

什么样的风格不会过时？

时尚易逝，风格永存。不仅时装如此，家居风格也是这样。然而潮流瞬息万变，时装能跟着感觉走，家居风格却不能做到一季一换。所以，什么样的家居风格是不会过时的呢？

"喜欢的就是最不会过时的"，这种空话我们就不必多说了，因为不管怎么喜欢也要讲究空间适配。一般来讲，我们经常提到的风格只有几种，比如前些年经常提到的法式、欧式、地中海式，还有近些年流行起来的日式、北欧式、新中式等。这些风格与地域气候、社会背景、经济发展等都息息相关，能够被我们总结出来的都有特定的文化认知范围。至于潮流，只能在一段时间内成为流行的大势，不可能永远都流行，所以才会有"过时"一说。

因此，装修之前要先冷静下来，思考一下到底需要什么，而不是那些潮流里有什么就装什么，毕竟我们可选择的能够长久陪伴自己的东西并不多。并不是所有人都需要风格，风格不具备普适性。

本节为对家装风格无特定倾向、对潮流趋势也不十分在意的读者，针对"不过时"的风格提出一些建议。

●不过时的风格，要有简约耐看的硬装做基础

硬装也是讲风格的。很少有人在装修到硬装这一步的时候就强调风格，并关注风格会不会过时，但这确实是整个家居风格的前提保障。装什么形式的顶，铺什么样的地板，加不加石膏线，墙面用什么颜色的漆，装不装墙裙，水电线路怎么走，地面是用瓷砖、地板还是直接用水泥，等等，都对所谓风格以及软装家具的选择有决定性的影响。基础耐看、时效性强的硬装从任何角度来看，都一定是简洁且线条完整流畅的。

这些年我们不停被市场"洗脑"，会不自觉地把更多预算分给软装配饰，然而这着实是个误区。说一个真实的例子，有位用户家里厨房的下水管整个堵塞且无法疏通，细细察看才发现是下水管自身的问题。一般下水管都是直的，而且管口直径比较大，而他家的细管不仅不直，还拐了个弯，基本没怎么用过就拆掉重修了，这就是硬装没做好的后遗症。所以基础做不好，其他都是白费。

在颜色选择上，为了耐看，国内基础硬装的墙面更加倾向于选择白色。事实上，大白墙耐看并不代表其他颜色不耐看，黑色及墨绿色的可塑性也比较强，而且美观（图3-1）。此外还有复古的深蓝色（图3-2）和清爽的绿色可供选择。历来被奉为高级感第一的百搭的灰色（图3-3），怎么看都很细腻美好，这也是提到软装不过时或者高级感的时候出现的高频颜色。

图 3-1　黑色风格

图 3-3　灰色风格　　　　　　　　　　　　　图 3-2　复古的蓝色风格

搭配高手也可以选择清丽跳脱的颜色，营造自然温暖的氛围，体现居家好品位。丰富的颜色搭配看似凌乱，但若在空间中充满了联系，视觉上就会达到或中和、或延伸的效果；若是不同的色调撞在一起，同样能带给人惊喜。那些租房中的小小幸福感就是这么一点一滴地积累起来的，用颜色唤醒空间主人对生活的热情。

●选一两件创意设计作品、艺术单品，让你的家看起来与众不同

家里需要一两件特色家具来体现你独特的品位，而这些单品是永远不会过时的。实用功能与艺术观感兼备的家具也不必多，尽量减少装饰性强的东西，这样空间看起来会比较整洁大方。

比如，可以选一两款造型别致的椅子来装点空间（图3-4），或者是一张外形好看、风格百搭的茶几（图3-5），又或是自己收藏多年的古代窗棂，都会帮助你打造一个有意思的家。只要创意设计得好，哪怕一件风烛残年的二手旧家具，也会与新式的装修风格碰撞出不一样的火花。

图3-4　造型别致的椅子　　　　　　　　　　图3-5　造型好看又百搭的茶几

●最舒服的家永远都不会过时

装修是一项以人为本的工程，人才是一个空间里最重要的考虑因素。如果有人不管户主的爱好和生活习惯，直接问房子面积多大、要什么风格，然后给你报价，这种情况要小心了，千万别被忽悠。

比如，洗手间是家里最注重功能性的地方，涉及防水、除湿或者干湿分离，黑、白、灰是很合适的色彩搭配。而客厅一般有两三个比较有特点的地方就可以了，再多几个点的话，就要注意搭配，做到让它们相得益彰。再比如，喜欢清新自然生活氛围的人会倾向于使用木质桌椅和木地板来搭配沙发，但如果空间里所有材质都是木头，就会显得寡淡无趣，所以还要注意其他地方的材质搭配，中和一下过强的木质感（图 3-6）。

居住舒服的家里自然少不了储物空间，一个具有设计感的柜子或家具能让整个空间增色不少（图 3-7），即便过了多年也依然是家里最实用的存在。

对于空间的合理改造，会赋予空间新的生命力，好的空间设计会将人与房子完美融合在一起。不会过时的风格，其实就是独属于你自己的风格，让自己感觉自在轻松。随着在这个空间内生活时间的延长，它会悄无声息地与你融为一体，让你感觉舒适自然，甚至在日常生活中忽略了它的存在。对此，你不会感觉厌倦，也没有什么审美疲劳，因为风格在你的心里永远正在流行。

图 3-6　空间内如全部使用木质材料，需注意其他地方材质的搭配

图 3-7　有设计感的柜子（图①由美豪斯提供）

北欧风格家居的 10 个精髓

北欧风格家居的特点是自然、清新、随性、素简，没有浓烈夸张的色彩，没有浮华喧嚣的装饰，一切清清然、坦荡荡。就像《香蜜沉沉烬如霜》中引用的那句诗一样："繁花似锦觅安宁，淡云流水度此生。"

北欧风是现代年轻人极为推崇的一种设计风格，它将挪威、瑞典、丹麦、芬兰、冰岛等北欧国家的设计美学融入家居营造中，展现出一种纯粹的空间艺术。北欧风格的空间仿佛能将一切关于美的事物都容纳其中，却又能磊落如出水芙蓉，不染一丝凡俗之气，给人以清爽干净的视觉感受。

北欧风格的魅力如此迷人，你是否也心向往之呢？其实想要打造北欧风格家居并不难，只要掌握 10 个设计精髓，就能轻而易举地让家呈现出温暖明媚的北欧风韵。

● 北欧风格设计的初心：以人为本

北欧风格可谓室内设计领域的一股清流，不循规蹈矩，不顺势而为，只遵循"以人为本，取法自然"的设计初心，一切设计皆从居住者实际生活的舒适性出发，注重实用性与环保性，在简洁与个性中，让生活空间散发出艺术的光辉。

围绕"以人为本"的设计初心，北欧风格家居所呈现出来的空间效果更加明快、舒服、随性，有生活气息，给人一种身心放松的感觉，能够让人感受到生活的幸福，十分契合现代人追求舒适、简洁的生活方式。

● 色调纯粹干净，是一种视觉享受

北欧风格的色彩搭配可以用"无与伦比"来形容，并不是指其色调多么绚烂惊艳，而是它的配色能做到纯净清新，让人看一眼便能喜欢。

北欧风格的色彩以黑、白、灰、原木色等中性色为主（图3-8），反映出简约纯粹的空间境界和脱离物欲的生活方式。

高明度的色彩组合一般以白色为主体色（墙面），灰色为过渡色（地面），原木色（家具）、黑色（软装）为点缀色进行搭配。这种浅色系的设计，简约而经典，仿佛自然中水墨山水的浓缩，给人以时尚清爽的视觉感受，是现代年轻人极为推崇的空间色彩组合。

低明度的色彩组合一般以深灰色为主体色（墙面），原木家具、地板与白色布艺进行色彩搭配，显得稳重大气，高档儒雅。

很多时候，北欧风格家居也在黑、白、灰、原木色的基础上辅以高明度的绿、蓝、黄、粉等点缀色，对空间进行画龙点睛，在保持整体色调和谐统一的基础上，达到视觉上的舒适美感。

图 3-8　北欧风格的室内设计

●极简设计，为生活留白

"人间有味是清欢"，能从简约清淡中感受到欢喜，必是对浮华进行了过滤。这种境界，便是"简"的境界。

北欧风设计亦是如此，摒弃繁复奢华的装饰，转而运用简洁的线条与色块对空间进行布局与层次上的营造，删繁就简、高度概括，渲染出一种静而不喧的空间美学。

北欧风格注重人居生活的舒适性，擅长给空间做减法，一切布景精致而简约，并通过大面积的留白来营造目无繁杂、清爽干净的视觉效果（图3-9）。这种极简的留白之美，往往给人以脱俗、超然、静美、洗练之感，让人一眼望去，就会心旷神怡，身心放松。

图 3-9　北欧风格擅长留白

●布局通透开敞，
爱上阳光明媚的家

北欧风格在当今时代如此备受推崇，原因之一就是北欧风设计善于见缝插针地利用空间。比如将卧室与卫浴间的墙体扩充成衣帽间，把餐厅与客厅的非承重墙变成通透的储物架，等等。总之就是利用一切可以利用的设计方法来扩充空间，非常适合小户型家庭。

同时，北欧风格注重室内采光，会将自然光最大限度地引入室内，并强调空间的通透性与兼容性（图3-10），尽量弱化功能分区。如客餐厅一体化设计、开放式厨房、用木质或玻璃隔断划分空间等，都是北欧风常见的布局形式。这种通透敞亮的布局形式，既满足了生活的个性化需求，又赢得了现在很多年轻人的青睐。

图 3-10　北欧风格注重室内采光

●原木家具，
感受大自然的暖意与温度

　　相信大家都很熟悉北欧风格的家具，这些家具将木质元素融入人居生活，让我们在"自然造化"和"人工意匠"之中感受源于大自然的暖意与温度。

　　原木是北欧风格的灵魂。北欧风格家具在材质上多选用桦木、枫木、橡木、松木等朴素原始的木料（图3-11），家具形式简洁明快，原木色调自然素淡，质感温润柔和，能够使人心境平和，恬淡从容。每天与这些外观漂亮、质感高级的原木家具打交道，生活也随之变得精致优雅起来。

图 3-11　北欧家具多用木质材料

●木地板，打造高格调的美丽家居

　　北欧设计将工艺的精益求精与材质的原始质感进行契合，让家居呈现出自然无为的美感。如地板的铺设，在精细工艺的基础上，意在呈现原木的天然纹理与质感；或是用纯白色调铺就一方小清新、有格调的地面；或是将地板自然做旧，仿佛历经岁月的浸染，给人一种独特而富有艺术感的视觉享受。

　　北欧风家居的地板除了长方形铺贴方式之外，还有鱼骨纹（菱形单元）和人字纹（矩形单元）两种方式。鱼骨纹是45°拼接，耗材多，对工艺要求高，装修费用也较高；人字纹是90°拼接（图3-12），耗材少，铺装工艺较为简单。鱼骨纹、人字纹地板的每一个条形单元都有序地交错拼接，这种规整中富有变化的几何属性，使得空间衍生出一种递进的层次感与动态的流动感，并起到了延伸视觉的作用，营造出复古而时尚的空间格调，备受现代年轻人的喜爱。

图 3-12　北欧风地板的人字纹拼接

●北欧风灯具，
用高级感点亮空间 ························

北欧风格家居十分注重高级生活质感的打造，在细节上彰显卓越不凡的生活态度。北欧风灯具沿袭了北欧风设计的一贯特性：线条干净流畅，色调纯粹自然，工艺精妙考究（图3-13）。

艺术的潜质在北欧风灯具的设计上发挥得淋漓尽致，每个灯具都造型简约而又富于变化，不拘一格，个性时尚，帮助主人用高级感点亮空间。

图 3-13　北欧风灯具（图片来自摄图网）

●挂画，打造极美北欧空间

北欧风格挂画的色调以黑白色、绿色为主，主题多为自然绿植（图3-14）、几何线条、人物风景等，清新时尚，知性优雅。

北欧风格挂画能够让大面积的白墙顿时灵动起来，使得空间更具色彩的层次感，是打造极美北欧空间的绝佳手段。运用装饰画打造北欧风家居，空间艺术魅力瞬间倍增。

图 3-14　以绿植为主题的北欧风挂画

●自然摆件与精致生活的秘密

北欧风格善用视觉性的材质来装饰空间，如木材、石材、黄铜、树脂、玻璃、铁器、亚克力、棉麻等（图3-15），通过不同材质的有机组合，展现出其独有的淡雅、朴实、纯粹的原始韵味，赋予空间多元化、新潮、个性的家居氛围，打造出适合城市白领的精致生活空间。

图 3-15　北欧风的摆件（图片来自摄图网）

●绿植，一呼一吸清爽宜人

北欧家居绿植的观赏度极高，如琴叶榕、天堂鸟、虎皮兰、龟背竹、尤加利、仙人掌等，都是打造北欧风格的极佳绿植装饰（图3-16）。

除此之外，花器也是营造北欧风格的另一美学载体。如轻盈通透的玻璃花器，能够更好地衬托绿植的线条美感；透气性好的水磨石花器也很常见；还有藤编、陶制、金属等材质的花器，也是不错的搭配。

生活当如北欧风，清雅恬淡，随性不羁，褪去繁华，清爽留白，回归初心，始见本真。

图 3-16　北欧风的绿植

日系风之美：如何打造一个清新日式家

日系风之美，在于它不经意间流露出的高级感，就如同一个画了裸妆的少女，看似一切浑然天成，实则花了大量时间精心修饰。

日系风的关键词是"温度"，因为这种风格带给人的感受就像能调节室内温度。炎炎夏日，走进日系风的家，仿佛有一股清泉流入心扉，缓解躁动与不安；寒冬深夜，它又好似毛绒手套，抵御寒冷，让人卸下疲劳与防备。

那么，要如何为家中定制日式风格呢？本节就来为大家讲解一下。

●搭配好色彩才能获得舒适的视觉感受

在装修之前，我们要确定好色调，这也是最重要的一步。日系风的色彩搭配大概有这样几点比较重要：

①以素色系为主，窗帘、布艺也要选用素色，床品不要用复杂的花纹和花里胡哨的颜色。比较严格的日系风会连器皿都选用清一色的素色系。

②灯光对营造室内氛围十分重要，柔和的灯光更能舒缓情绪。日本人崇尚自然的生活方式，所以会尽量让太阳光照进屋子（图3-17），晚上则利用顶灯来照明，在局部使用落地灯和简单的吊灯。无论什么灯，灯光一定是柔和的。

③色调统一，很少有跳跃的颜色。一般来说，日系的家整体色调通常以白色搭配木色为主，多选择浅木色系，可以在木色系的基础上做少量的色调延展，如黑色、灰色、蓝色等色调（图3-18）。总之就是不要跳色。

图 3-17　日系风会尽量让阳光照进屋子

图 3-18　日式风格色调统一，可有少量色调延展

●合理的硬装改造，完成"走进日系"第一步 ⋯⋯⋯⋯⋯⋯

①利用半隔断增加进光量。日本人非常重视房子的采光，透明系采光是定制日系家居的重要条件，常以半透明隔断取代实墙。

②让各空间之间更有连续性或独立性。日式家居比较注重空间的连续性，客厅、餐厅、厨房之间没有明显分隔，几乎是融为一体的。尤其是厨房，基本上都是开放式的设计，这是为了方便家庭成员之间进行交流。结合我们的住宅来说，房子的外部结构没办法改变，但可以拆除家中不必要的非承重墙（关于哪些墙可拆、哪些墙不可以动，详见第一章相关内容）。再有就是通过卫生间的功能区划分来体现独立性（详细内容见第二章相关部分），让空间使用更加方便。

③告别繁复的吊顶。日式家居很少做吊顶，因为很少会用到。日本人喜欢直接坐在榻榻米上吃饭品茶，不需要椅子和较高的饭桌。即使是今天，在很多日本居酒屋里，仍然需要脱了鞋子后坐着饮酒。所以，按照这种生活习惯，室内普遍高度偏低，通常在 2.2 ~ 2.4 m。对我们来说，本着从简的原则，不做那些耗费人力、财力的吊顶装饰，也是向日系风靠拢的方法之一。

④一定要铺设地板。日本大部分地区的气候都比较温和，雨量充沛，因此盛产木材。传统的日本建筑装修材料中用得最多的就是木头，家居中地面都铺地板的话成本也比较低。从生活习惯来说，日本人以前习惯于直接睡在地板上，后来才慢慢发展到睡榻榻米。所以除了卫生间和厨房，想要更靠近日式家居，可以考虑睡通铺地板。建议使用实木复合地板，保留木质肌理和触感，且比实木地板好保养。

⑤选用榻榻米。榻榻米是日式装修的典型特征，选用榻榻米可以说是日式风装修必不可少的（图 3-19）。可以将榻榻米设定在房间的局部，比如利用飘窗进行小改动，只需要配置一个草席、一个茶盘和两个蒲垫，就可以构成一个简易式榻榻米。还可以将阳台改成榻榻米，不过要在改造之前做好防水。完成之后，这个区域自然形成一个休闲场所，不仅增加了储物功能，还能让空间更加整齐，提升家居美感。

图 3-19　榻榻米

需要注意的是，榻榻米不能长时间在阳光下曝晒，所以在开窗透气的同时，最好使用窗帘进行防晒。当然也可以对榻榻米进行涂漆处理，防止曝晒或潮湿使它变形，还能起到防虫的作用。

当然，如果空间足够大，预算又充足，并且对和室有足够的理解和热爱的话，不妨在榻榻米的基础上进行升级，搭建出一间和室（图3-20）。和室的面积是用榻榻米的块数来计算的，一块称为一叠。想拥

图 3-20　和室

有一间完整的和室，首先要确定格局，做好常规的电路规划、墙面处理、地面处理以及天花板的设计等。然后还要搭建地台，让木工完成必要的木作，比如壁式储物系统、衣柜、门框、窗框等。再然后是各种主材与辅材的选购，如气撑铰链升降机、板材清漆障子门，还有浮世绘、福司玛（日式推拉门）、照明灯具及其他饰品之类。墙壁可以铺贴颜色淡雅的壁纸，最好是接近自然的颜色，比如淡雅的绿色、带有纹理的米色等。

虽然和室制作过程比较复杂，造价也很高，但呈现出的是清新自然、禅意满满的效果，无论从外观感受还是内部布置来看，都非常有味道。

●选择好家具，渐入日系佳境

①清新原木色家具最具日式风（图3-21）。日式家具的特点，一是相对低矮，二是较为纤细。这是为了在有限的空间内给人以舒适的视觉感受，非常适合小户型的家庭。

日式家具原木色的柔和色彩，以直线为主的简洁线条，不多加烦琐的装饰，更注重实际功能，给人一种清新自然、简洁淡雅的独特感受。需要强调的是，原木色代表的不是一种颜色，而是一种色系，适用于日式风的颜色可以是橡木、榉木、水曲柳这样的浅色系。

要购买日式家具的话，在国内最为大家认可的就是 MUJI 无印良品了。它是绝对根正苗红的日系品牌，不过价格比较高，不太亲民。那么，除了努力攒钱购买日系品牌的家具外，还有其他方法吗？其实宜家也有很多原木色家具，按照上面介绍的特点，相信还是可以从中挑出物美价廉、能够以假乱真的"日式家具"的。当然，网上有很多原创家居店，值得挑选的家具也有很多。

图 3-21　日式风多用原木色

②定制家具。在日本，人们会根据户型和自己的需求选择定制家具。国内有条件的话，也可以考虑这样做。

③收纳柜是日式之魂。在《怦然心动的人生整理魔法》一书中，作者近藤麻理惠曾经反复强调："整理和收纳才是日式之魂。"所以，在日式家居中，你会看到收纳柜出现在家中的各个角落。

收纳柜的存在不仅是向日式风靠近，更重要的是，我们自己也可以在梳理、收纳中完成对生活的合理规划，是一件一举两得的事情。

●哪些元素能快速实现日式风格？

①橡木地板。白橡木刷上清漆就能得到很好的日式风格效果。白橡木色泽纯净，纹理更为自然柔和，成品地板也不会有太大的色差。

关于橡木，有一些相关小知识需要了解。首先，由于橡木水分较大，脱净比较难，易开裂，所以市面上出现很多经过特殊处理的多层实木地板，纹理处理更漂亮，价格比纯实木便宜很多。其次，市场上以橡胶木代替橡木的现象普遍存在，如果专业知识不足，难免会上当，因此购买时一定要仔细辨别。最后，橡木边材柔软，容易受到昆虫攻击，通常成品橡木易受虫蛀。综合来看，如果买纯实木地板的话，建议还是选择白橡木，因为白橡木的防腐性、抗虫性和耐水性都比红橡木更好。

②日式风格代表家具。日式风格较其他风格在软装上最大的不同是，日式软装是最不浮夸又最具实用性的生活用品。在无印良品家板块的首页中，最具代表性的是收纳箱、床及床垫、桌椅、沙发、餐桌、纸浆板、堆放架、货架、橱柜等。

③实木搁板。日式家居最爱使用的就是实木搁板，在墙面上既简洁又实用，它们大部分用于厨房中。

④格纹元素。经典时尚的格子图案加上简约的色彩搭配本身就是一种美，比如具有格纹元素的床品、拖鞋及桌布等。

⑤亚麻软装。亚麻软装会给人一种自然祥和的质朴感觉，比如布艺抱枕、亚麻编织的地毯等。

⑥懒人沙发。无印良品舒适的懒人沙发可以随意放在客厅、阳台、卧室或书房，想怎么坐就怎么坐，想怎么躺就怎么躺，可以随意自由发挥。

⑦绿植。日系风的常用植物是什么呢？比较有代表性的如日本大叶伞，它线条流畅，叶形优美，生命力旺盛，散发着清新的文艺风。

⑧栏栅隔断（图3-22）。日系风中，栏栅也是家庭中常见的装饰品之一。

到这里，想必大家已经对如何实现日系风有了一定了解。如果还想添置一些日式杂货，比如香薰机、电饭煲等，可以多逛逛相关网站或实体店，祝你寻找到自己喜欢又实用的好物。

图3-22 栏栅隔断是比较多见的装饰品

第四节

怎样装一个工业风的家

很多人买完房子想要自己尝试装修，可是小到刮腻子、刷漆，大到色彩搭配、家具选择、橱柜定制、铺砖等，真动工时就感觉一大堆问题扑面而来。可见自己装修的确是一个心力交瘁的过程。

其他风格的装修尚且如此，想要装一个工业风的家，难度就又提高了一个等级。我们总结了 10 条建议，供大家参考。

● 尝试用腻子直接拉毛，装修小白也能搞定

如果想要自己弄出来一种有粗糙质感的墙面效果（图 3-23），有没有什么办法呢？有，可以让工人在毛坯墙面上直接用腻子做拉毛处理，省去了两遍腻子、一遍底漆、两遍漆的繁复工艺，感兴趣的朋友可以在家自己 DIY。

什么叫"拉毛"？拉毛处理，其实是用于贴瓷砖的一种常规工艺。在光滑的墙面上贴瓷砖之前，需要通过拉毛处理来起到固定瓷砖的作用。常用的拉毛工艺就是利用腻子和艺术涂料的黏性，直接用铲刀手工形成拉毛效果。

墙面拉毛有这样几种方法：一是用水泥沙添加界面剂搅拌，在墙上甩刷一遍，就会增加粗糙度，这就是墙面拉毛处理工序要达到的效果；二是用铲刀或者其他工具在墙面上划并敲打，然后抹上涂料，使墙面变得粗糙，产生拉毛效果；三是用滚筒刷和乳胶漆在墙面上涂刷，就会有拉毛效果；四是用高压水枪射出超高压水，直接在墙面上拉出 5 ~ 10 mm 的深沟，使墙面变得粗糙，形成拉毛效果。此外，拉毛工艺配合不同的工具和涂料，还可以实现各种创意纹理效果。其实用硅藻泥（看起来跟腻子很像）也是这个道理，并没有特别复杂的工艺。

图 3-23 工业风的墙面

●家里选用一两件工艺风家具

想要空间有特色，就一定要挑选一两件让人得意的家具，起到点睛作用。

工业风的家自然也要有配套的工业风家具，比如老木头跟黑色铁艺搭配的鱼骨纹柜子便很有味道，黑色铁艺细腿也极具工业风的气质（图3-24）。

图 3-24　黑色铁艺椅

●孩子经常接触的墙面，
不如涂上环保黑板漆 ⋯⋯⋯⋯⋯

小孩子总喜欢在墙上涂涂画画，因此建议把孩子经常接触的墙面刷上黑板漆，一来满足小朋友的创作欲，二来黑色墙面与工业风比较契合（图3-25）。比如将卧室门改成黑色折叠推拉门，这样白天的光线就可以自然射入走廊，让黑板漆不再显得压抑。

图 3-25　黑板墙

●卧室内可用其他风格中和

其实工业风放在卧室里并不适合所有人，相比较于其他风格而言，工业风缺少一点温馨感。所以在卧室里可以不使用像铁艺、皮革等生硬的材质，尝试柔和一些的原木家具，可以让卧室跟整个空间的风格自然衔接。

当然，如果特别喜欢的话，卧室里用工业风也是没问题的（图3-26），不过需要好好设计，让卧室有一些柔和的质感。

图3-26　工业风的卧室

●工业风和中式风格可以混搭

现在都讲究混搭风格，其实与工业风最相配的就是中式风格，主要指富有禅意的新中式风格。工业风和禅意中式风能碰撞出艺术空间环境。一茶一壶，一草一器，尽显中式风范（图3-27）。

图3-27　工业风与中式风的搭配（图片来自摄图网）

●家里有孩子，
不妨把餐桌切成菱形角

孩子天生喜欢奔跑、嬉闹，家里硬邦邦的家具就成了伤人的隐患，任何不小心的碰撞都容易让孩子大哭一场。如果能细心地把桌角裁成菱形（图3-28），这样既有工业风的基因，又可以让家具变得更安全。

图 3-28　桌角裁成菱形

●小面积尝试不常用的颜色，收获格调空间

大多数人会用白色、灰色、浅蓝色等基础色系的墙漆，很少有人敢尝试大家不常用的颜色，其实小面积涂刷新颖的颜色，会让整个空间更有特色。在大面积一种颜色的情况下，小面积使用不同颜色，也会起到一定效果（图3-29）。

图 3-29　小面积涂刷不同的颜色（图片来自摄图网）

●想要家里高级点，学会用冷色调

想要装修工业风格，就要学会善用冷色调（图3-30）。比起其他空间，一般来讲，厨房更适合用冷色系，这样更能打造年轻人追求的高级现代风。

图 3-30　工艺风多用冷色调

●如果不知道买什么瓷砖，水泥灰砖最保险 ·······················

现在市场上各种砖让人目不暇接，比如小花砖、六角砖、复古砖等，看得越多越不知道该怎么搭配。所以，如果不知道用什么砖，最保险的当属灰色水泥砖，一定不会出错。

第五节

给自己的家加点色彩

色彩是进入居室空间后的第一感受，就像看美国鬼才导演韦斯·安德森的电影，还没了解故事情节，就已经被色彩深深吸引。即使你对他并不熟悉，但想必你也听说过那部风靡一时的影片《布达佩斯大饭店》。安德森的镜头美学背后带着有温度的生活理念，他这种自成一派的美学风格给人以深刻的视觉冲击。

安德森式美感代表了一种独特的美学思潮，他影响了一代又一代的艺术爱好者，如今很多年轻的艺术家、摄影人、时装设计师等都期望用他的美学来让自己的作品看起来更高级，更具吸引力。

●从安德森色彩美学中获取配色灵感

①高级配色法则一：同一色系中的色彩变化。

安德森是配色天才，他可以把一个颜色通过深浅调节和物品材质的变化混合得很和谐。就如《布达佩斯大饭店》和《犬之岛》这两部电影中都大量运用了暖棕色系，而他通过不同色相和深浅的棕色来突出色彩的层次感，丰富视觉感受。

而运用在空间设计中，我们可以通过皮革、木头、铁艺、墙面、布艺等不同材质来表现同一种色系，通过不同材质对光的反射和材质本身的质感表现出空间的层次感。

在大面积的主色调中有时候需要加入 20% 的强调色，用来突出视觉重点。比如暖棕色的空间中，布置一个亚麻黑色的沙发，就会成为整个空间的强调色，光影则让暖棕色空间实现立体空间感（图 3-31）。

如果一个空间有 7 种以上不同色系的灰色搭配在一起，整个空间就会有种莫名的高级感。

图 3-31　暖棕色空间中，一个黑色沙发会成为点缀

②高级配色法则二:低饱和度、高明度彩色组合。

《月升王国》这部喜剧文艺片自带浓浓的复古质感,每一个画面配色都很讲究,色彩鲜亮而不浓烈,俏皮浪漫又明媚复古。黄绿色调看起来纯净治愈,但又略带一丝忧伤,这就是安德森色彩美学的魅力所在。

高明度的颜色总能给人的心灵带来一丝平静,一种情感愉悦的满足,一个转换精神的空间,使人产生丰富而细腻的审美体验。越是简单的色彩,越能贴合人的内心。这种色调也比较适合运用到儿童空间中,用各种低饱和度的彩色碰撞搭配出一个轻快明亮的房间。比如,从电影中提取的明黄色和浅豆绿色,就可以搭配出一个可以让人身心放松愉悦的居室空间(图3-32)。而在白色或米色作为主色调的情况下,25%的其他点缀色就会成为整个空间氛围的调和剂和颜值担当。

③高级配色法则三:复古对比色。

安德森所有电影中都有迷人的复古色调,多种色彩搭配对比,融合和谐,毫无不协调感,各种色彩平衡共处,显得十分华丽高雅。

所谓复古色,就是指低明度、低饱和度的颜色,两种冷暖对比色反而能撞搭出一种稳重低调又不落俗套的空间气质。

有人把安德森的电影进行了色谱分析,发现他将高对比度、鲜艳明丽的色彩运用到极致,构图平衡对称,并且注重细节。所以,如果想要再高级一点的色彩方案,可以考虑灰色复古对比,如灰粉色、灰绿色、灰蓝色(图3-33)。

图 3-32 空间中用浅豆绿色搭配黄色,效果使人放松、愉悦

图 3-33 灰蓝复古对比色

④高级配色法则四：灰色搭配情绪点缀色。

安德森的电影中会用灰色画面表现紧张、急迫、阴郁的情节，但他所有的灰色镜头中总会有一个点缀色，让色彩看起来更丰富、更有质感。

表现在空间设计中，点缀色可以是椅子、窗帘、地毯、边几等软装配饰。空间中沉稳的灰色基调，点缀着色彩层次，就像为理性基调加入感性表情。比如，

图 3-34　灰色空间中，复古绿色是点缀色

灰色空间中出现一抹复古绿色（图3-34），便可成为氛围营造的重点，或者利用天然材质的原始色彩让灰色空间多一分温暖，色彩既统一融合，又略显高级。

●不会出错的经典配色

关乎美的东西都离不开色彩，所以家里的配色关乎着它美不美。网上美图里那些漂亮的家，基本都有一个统一的色彩基调。这里就教你几个简单好掌握的配色技巧。

①深褐木色与黑色，搭配出高级感。

喜欢实木感的家具，但全屋都用实木未免过于老气，实木色又很难与其他颜色相搭配。如果以黑色系的摩登感点缀，又保留实木色的温醇感，就会达到一个和谐的微妙质感（图3-35）。

很多客户喜欢原木风，我们设计时经常会用到黑色块点缀空间，效果很出众。黑色的点缀让木色的家看起来更年轻、更富有格调，能瞬间提升空间气质。

图 3-35　黑色点缀木色（图片来自摄图网）

②灰色与暖木色，彰显文艺气质。

精装房的标配一般是刷好的大白墙和大理石或瓷砖地板，这就要根据自己的风格需求来更改地板或墙面的大块色彩了。比如瓷砖不变，改变墙面颜色，用暖色系的小家具来点缀空间。

如果遇到白墙和灰色瓷砖的搭配，可以这样调整，将背景墙刷为灰色，然后用白色和实木色的定制家具来提亮空间，营造一种舒适的自然风格（图3-36）。

图 3-36　灰色与实木色搭配（图片来自摄图网）

其中，80%的白色和灰色是基础色，20%的暖木色为整个空间的情绪点缀色，起到关键作用。

③家里所有的色彩都采用浅亮色系。

家中的色彩一定是温暖的、阳光的，要有家的味道，能让人放松且舒心。

浅色的空间看起来干净明亮，随意搭配一些亮色小家具，整个房子的调性便脱颖而出。比如白色、灰色、木色的各种搭配（图3-37），再比如用原木色搭配一些低饱和度的彩色系，整个空间会非常有活力。

图3-37　浅亮色系的空间
（图片由美豪斯提供）

● "气氛家具"要选好

家里的色彩基调定好了，作为颜值担当的定制家具也安装完成，家里整体格调已经初步成型，这时候搭配一些有设计感的小家具，空间就会变得丰富而有设计感。

比如，细腿家具会让空间看起来灵动轻盈；台灯可以选用颜值高的；餐桌可以不用中规中矩；单人沙发（图3-38）、小茶几（图3-39）、台灯的组合，搭配好了往往很出彩；买椅子不要买满大街都是的网络流行款式，等等。这里要注意，小家具的颜色要与整体色彩相呼应，才会显得更有高级层次感（图3-40），一个颜色在家里反复出现，是很多设计师惯用的搭配技巧，值得学习。

图3-38　单人沙发

图3-40　家具颜色要与整体色彩相呼应

图3-39　有设计感的茶几

04 ▶

第四章

要住得舒适，
从器具下功夫

第一节 ◀

清点那些家装里划算的投入

正所谓钱要花在刀刃上，对于划算这个命题，不应该只考虑价格低，而是要明白一件事：用合理的价格带来性价比最佳的使用体验。

真正会装修的人，并非什么都渴求价格便宜，而是能够做到让家里该便宜的地方全部便宜了，该贵的地方都用了好材料、好设备。

所以本节推荐几种能给生活带来极大便利性且真正值得投入的家装产品，不一定价格超低，但能带来的美好体验绝对物超所值。

● 厨余垃圾处理器

常下厨的人都知道，烧菜这件事最烦琐的不是烧菜的过程，而是烧菜后谁都不愿意做的家务活。比如清理堆在下水口的"洗菜后的残渣和沾满油污的剩菜""天气一热，反味儿的下水道该如何是好"等。如果你家发生以上情况却没人想动手，那么你多半需要一台垃圾处理器（图4-1）。

图 4-1　垃圾处理器

垃圾处理器最为方便的地方在于不必用手掏下水口，不会再有清洗水盆提篮的纠结，不会再有反味儿的厨房下水道，也不会再有拎起垃圾袋时污水渗出的尴尬，它可以凭一己之力，解决以上这些问题。

值得投入指数	★ ★ ★ ★ ☆
选购指南	主要比较三点，即大功率、低噪声以及是否适配自家水槽

●高质量五金 ···

时间久了，卫浴的毛巾杆、挂钩等金属物品会变得锈迹斑斑，导致抽屉不顺滑，推拉时手感很重，甚至拉一下就会卡住。这些都是劣质五金带来的糟糕体验。五金虽小，但千万别贪便宜，好五金能带来的优势可能感觉不到，但相比之下选用劣质五金带来的劣质体验，大概一年左右就能深有感触了。

值得投入指数	★ ★ ★ ★ ★
选购指南	因为家装过程中使用到的五金实在太多，这里仅以地漏和抽屉滑轨为例

①地漏。

材质	优先选用铜镀铬，其次优质不锈钢（普通不锈钢也会有生锈的可能），不要使用PVC材料的
形状	U形适合浴室、T形适合厨房、洗衣机、阳台等。外表除了常见的圆形或方形，还有一种长条形地漏是酒店常用的，下水效果好且又美观，不过价格略贵
安装注意事项	选好位置，一定要远离卫生间门口，偏离卫生间中央，安装在卫生间最低处，且四周要相对开阔

②抽屉滑轨（图4-2）。

图 4-2　抽屉滑轨（图片由美豪斯提供）

手感	如果在实体店购买，一定要试一下拉伸是否顺滑，手感是否轻盈，临近闭合是否有阻尼。应该选择手感实在、硬度较高且比较重的滑轨
静音	有条件一定要感受一下滑动过程的声音，最好是轻盈无声的，特别是抽屉闭合那一刻
做工	好的五金应当打磨光滑，好滑轨自然也要求做工精细，即使横截面和打孔处摸起来也应光滑
安装注意事项	很多时候抽屉出厂时已配置好滑轨，你需要做的是亲身体验滑轨的使用感受；如果自己安装，手电钻必不可少，按照数据确定好抽屉长度、柜台深度，以相应的尺寸安装在抽屉上，当然也可以找专业的工人师傅帮你安装

● 马桶

　　釉面差的马桶若想保持洁白，一周刷三次可能都不够。卫浴洁具直接关系到卫生间的使用体验，马桶要选择购买能力范围内最好的。不然隔三岔五堵、三天两头刷，会很麻烦。

值得投入指数	★ ★ ★ ★ ★	
选购指南	釉面	a. 迎高光仔细观察内外表面施釉是否光亮，是否有波纹、裂纹以及针眼杂质等 b. 好的釉面，表面手感细腻，无凹凸不平，低档釉面则粗糙、暗淡，灯光下看有小孔，敲击声音沙哑 c. 下水口内部应该光滑，手感粗糙表明无釉面，可能会有漏水风险
	冲水方式	在冲水效果、冲水噪声及节水效果等方面，直冲均好于虹吸
	结构	外观对称，放在地上看是否平稳不晃动
	密封	密封垫应使用橡胶或发泡塑料制成
安装注意事项	除了角阀、软管、玻璃胶，别忘记备好安装费用	

● 电热毛巾架

　　如果你生活在南方，每年进入梅雨季节后，就会阴雨连绵，毛巾、浴巾有多难干你一定深有体会；如果你生活在北方，讨厌挂在卫生间里的毛巾经常不干，擦脸时还有一股发霉的味道，那你或许可以考虑安装一个电热毛巾架（图4-3）。有的人可能会说，买个电暖气不就解决了，但是电暖气并不适合放进经常洗澡的卫生间，主要是安全问题。而且电热毛巾架不仅可以烘干毛巾，还可以烘干床单、衣服等一切你想烘干的东西，非常实用。

图 4-3　电热毛巾架

值得投入指数	★ ★ ★ ☆ ☆	
选购指南	按需选取	
材质	不锈钢材质	不锈钢电热毛巾架的最大特点是耐用，不易生锈、老化，使用寿命很长，缺点是清理时很容易留下手印和各种痕迹，看上去比较脏，在使用时温度也会比其他材质的电热毛巾架要高一些
	低碳钢材质	低碳钢材质的电热毛巾架一般都会做喷塑处理，发热后感觉更柔和。这种材质的电热毛巾架烘干毛巾的速度比较快，发热量大，有采暖效果，但长期暴露在潮湿的浴室中容易生锈
安装注意事项	a. 打孔前应了解墙体水管电线的走向情况，轻力慢打 b. 安装高度和位置必须符合使用者的身高条件 c. 最好使用塑料膨胀管加铜螺钉安装，一则瓷砖创面小，易操作；二则不会生锈，易维修	

● 床

有人计算过，假设一个人活到80岁，在床上度过的时间大约是26年左右。如果没有一款好床垫，那睡觉的感觉跟每晚打地铺没什么差别。

合适的床垫会给脊柱以健康的支持，而长时间睡在不合适的床垫上则会影响脊柱的健康，许多人因为没有选择正确的床垫而患上背痛甚至腰椎间盘突出等疾病。

值得投入指数	★ ★ ★ ★ ★
选购指南	根据支撑性、贴合度、透气性、抗干扰性等指标选购。没有最好，只有最适合

①弹簧床垫：支撑性佳。

弹簧床垫弹性好，承托性较佳，能给人体较好的承托和支持，透气性较强且耐用。

弹簧床垫细分为很多类，如独立袋装弹簧床垫（图4-4）、弹簧加乳胶床垫等，整体来说睡感偏硬。席梦思床垫就是最著名的弹簧床垫。

如果是作息习惯不太一样的伴侣或者家中有小孩的家庭，建议购买独立袋装弹簧床垫。这种床垫采用独立弹簧，用无纺布单独包装，再整合成一个整体的床垫，特点是抗干扰性好，躺在上面翻身不会打扰到彼此，保证持续的深睡眠。

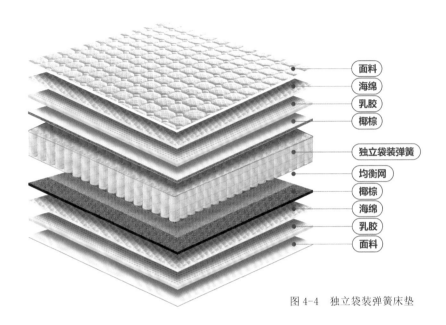

面料

海绵

乳胶

椰棕

独立袋装弹簧

均衡网

椰棕

海绵

乳胶

面料

图 4-4　独立袋装弹簧床垫

②棕垫：环保便宜，但不建议购买。

由棕榈纤维编制而成，较为环保，一般质地较硬或硬中带软，不易变形，价格相对较低。缺点是有天然棕榈气味，耐用程度差，容易变形，承托性能差，易虫蛀或者发霉，多雨、沿海地区不建议使用。

③乳胶床垫：支撑性强，贴合度高，但透气性一般。

主要原料来自橡胶树，然后经过发泡等一系列高端工艺制作而成（主要是邓禄普和特拉蕾工艺）。乳胶床垫的特性是高软高弹、支撑性好、贴合度高，但是透气性一般。就算内部有孔状，睡的时间长了，孔也会被压缩，再加上材料自身透气性差，无法有效排热。

④记忆棉床垫：透气，抗菌，防螨。

记忆棉是泡沫床垫中的高端产品，价格也要高得多，不过本质上也是聚氨酯泡沫。记忆棉有慢回弹的特性，透气性较好，且可以抗菌防螨。

好的投入，能切实提升生活质量，所以最划算的支出应该是那些能明显让生活更为舒适、方便的东西。把钱花在刀刃上，你最在意的地方就是该去认真投入的地方。

第二节

清点那些需要慎重购买的家具

喜欢日剧的朋友也许听过《我的家里空无一物》(又名《我家啥都没有》)这部喜剧吧，剧中女主角麻衣喜欢家里空无一物的样子，喜爱扔东西，甚至已经到了一种病态的程度。她的客厅空无一物，柜子间距一定要一致，餐桌上什么也不摆，就连厨房也是空空荡荡。

如今生活在城市中的我们，生活和工作上的压力都能够轻易压得我们喘不过气，回到家后，更希望看到一个整洁、通透又宽敞的舒适空间，而不是一个堆满杂物的屋子。这也是为什么麻衣的家里空空荡荡并不符合中国传统审美，却在当下如此受人喜爱甚至被当作家居典范的原因。

生活不是电视剧，我们可能做不到麻衣的程度，但从她看似偏执的生活方式中，我们可以学到很多家居收纳整理的窍门。

想要拥有一个像麻衣一样清爽的家，首先要学会断舍离。而断舍离的第一步，就是不要随便往家里买东西，尤其是家具。

在面积有限（尤其是中小户型）的家里，囤积的家具舍不得扔，生活中需要购买的东西却越来越多，物品堆积导致活动空间变少，屋子就会越来越杂乱。

所以我们首先要做到的，就是慎重购买家具。

●玄关：一切以整洁为目标

针对对象	衣帽架
建议	壁挂墙钩（图4-5）可以替代衣帽架，不占地方，可摆放的方法也很多，趣味性十足

回家后的第一件事就是脱掉外套，摘下包包，衣帽架就是为这些外套和包包准备的。然而貌美的衣帽架不在少数，但想让它保持干净整洁的美好模样，就根本没办法挂太多东西。衣服挂多了，在小户型房子里不仅显得乱，还常常会因为重心不稳而倒下。但如果只挂一两件衣服，又浪费资源。使用壁挂墙钩可以很好地替代衣帽架的作用，其可选择性也比较多，更重要的是，它不占空间，更方便实用。

图4-5　壁挂墙钩

●书房：想摆书别买它

针对对象	搁板书架
建议	综合考虑，还是用作置物架比较安全

图4-6　搁板用于展示、置物

不是说绝对不能用搁板书架，但大家都知道书是很重的，如果家里书很多，搁板书架的承重能力可能就有问题了。如果要放书的话，一定搞清楚自家墙的承重能力，必须装在大号承重墙上，最好再加装轻钢龙骨，然后每半年检查一次。或者你可以把它用作置物架（图4-6），会更安全一些。

●厨房：鸡肋用品的重灾区

针对对象1	各式厨房小家电，想象一下它们在一起有多占地方
建议	一定要想好这件东西的使用频率，根据实际情况购买

豆浆机：喝一杯豆浆，要洗一大堆器件，除非你不嫌麻烦，愿意天天打豆浆。

煮蛋器：非常鸡肋，明明在锅里就能煮蛋，为什么偏要花钱买个占地方的东西呢？

多士炉：多士炉只能接受一定尺寸的吐司，太大或太小都不行。另外，烤面包的残渣都留在窄窄的机器里，清洁的难度可想而知。

酸奶机：首先，它需要菌种，买起来不方便，超市里有时根本买不到；其次，虽然它很健康，但做出来的酸奶真的比超市里的各种酸奶好喝吗？最后，还是使用频率的问题，买之前一定要考虑自己能否坚持使用，而不是只图一时新鲜。

针对对象2	嵌入式垃圾桶，不实用还影响卫生
建议	如果一定要安装，不要安装在水槽旁

很多人出于对厨房美观的考虑，会选择安装嵌入式垃圾桶，此举反而很多余。嵌入式垃圾桶在长时间使用后，若不及时清洗，一定会有细菌滋生，所以一定不要放置在最需要保持卫生的水槽旁边。再者，它会占用本来可以做橱柜的空间，因此安装前考虑一下是否真的需要。

针对对象3	消毒柜
建议	其实有一个沥水篮就足够了

消毒柜的消毒能力有待考察。若使用的时间久了，一打开里面可能还有蟑螂爬出来。

●卧室：千万别买来当摆设

针对对象	不通顶的衣柜、落地衣架
建议	尽量使用通顶衣柜（图4-7）。如果真的想买不通顶衣柜的话，在柜顶摆点装饰物品，在视觉上也算过得去，不过柜高的尺度要把握好

无论是落地衣架还是不通顶的衣柜都有两个弊端。一是落灰不易清理。柜顶的灰要爬高去清理，落地衣架也一样要清理灰尘，因此不常穿的衣服就不要挂上去了，免得落灰。二是显得杂乱。柜顶空间不用可惜，用的话上面放着被子、收纳箱的样子会显得不够清爽。落地衣架不能挂太多衣服，不然会有一种批发市场的感觉。

图4-7　通顶衣柜

●卫生间及浴室：小空间内需精减

针对对象	浴缸（图4-8）
建议	购买前，要先想好自己的家是否适合放浴缸，再决定到底要不要买

浴缸本是好物，但若是幻想自己能优雅地躺在浴缸里喝着红酒结束一天的疲惫，那就太天真了。

购买浴缸之前一定要考虑清楚以下这些问题：

①如果卫生间比较小，放不下你幻想的大浴缸，那么在紧凑的小浴缸里可能会伸展不开身体。

②如果热水器储水量不大，不要购买。避免出现放一半水再加热另一半的情况，等加热完后面，前面的水也都凉了。

③洗完澡后还有精力洗浴缸吗？洗完了又出一身汗怎么办？

④使用率不高的话，浴缸难免变成放洗脚盆和养鱼的地方。

图4-8　美好的浴缸

出于个人习惯等原因，每个人对是否有必要购买的家具理解都不太相同。不过，如果你家有的东西已经一年以上没使用过，还是扔掉或者卖掉比较好，另做他用也可以。减少累赘，精减物品，是获得轻松生活必不可少的一步，要学会断舍离。

第三节

化腐朽为神奇的旧家具改造术

对于初来大城市打拼的年轻人来说，租房生活已成为常态，因此高性价比的二手家具成了租房年轻人置办租住新家的最佳选择。

家具虽为二手，但生活趣味与品质不能缺失。通过对二手家具进行巧妙改造，可以使其成为家居空间中突出艺术美学与个性风尚的点睛之笔，对生活进行刷新，为生活增添风采。

那么，二手家具改造的方法有哪些呢？

●二手家具的不同购买渠道

①社区流动摊贩：租房青年在寻找出租房的时候，目标主要以为工作生活提供便利为主，对家具、家电等设施要求退居其次。因此他们会从小区里流动的收购人员手中购买二手家具，然后对其进行创意改造。

适宜人群	租房青年
优点	购买方便，送货上门
缺点	家具质量无法保证

②旧货市场：旧货市场是二手家具聚集的传统市场，很多设计师或者手工族会前往淘货。对他们而言，淘二手家具最主要的乐趣是通过自己对家具的随心改造，来丰富家居的创意与个性，使得空间更具灵魂与魅力。

适宜人群	DIY 创意族
优点	家具品种齐全，价格便宜
缺点	多存在质量问题，定价随意

③网络渠道：目前提供家具交易的网站有三类，分别是传统网购方式、以物易物方式和实地验货交易方式。第一类如淘宝上的二手家具频道，主要以轻巧、易拆分的家具为主，如床上桌、塑料衣柜等；第二类以我爱换网站为例，网站提供平台，可个人换物，也可企业换物，交换双方达成共识，实现等价交换；第三类如58同城网、百姓网、赶集网等二手买卖交易平台，买卖双方联系后可以约定验货地点，自行商定价格。

适宜人群	网购达人	
传统网购方式	优点	保证资金安全和合理退换货
	缺点	多为简单家具
以物易物方式	优点	"零花费"互换闲置家具
	缺点	家具互配度不高
实地验货交易方式	优点	家具较新、品类多样
	缺点	不提供送货服务

●如何改造二手家具，给家具以新的生命和风骨

改造二手家具的方法主要有三个，下面依次介绍。

首先是重新刷漆。很多人尝试改造二手家具，多是从简单的刷漆开始。在不改变原有家具结构的基础上，给家具重新打磨刷漆，为家具改换新颜，使其与家居空间风格相契，从而达到整体装饰效果的和谐统一（图4-9）。

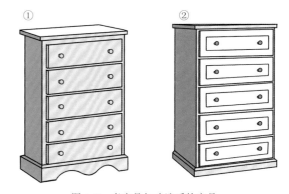

图4-9 老家具与改造后的家具

比较主要的漆色变换有多种，这里举几个例子说明。比如复古的深色家具可能很难与新空间的风格、色彩和谐统一，因此可将其刷成极具潮流风尚的黑色或白色，使得家具整体风格焕然一新，大大提升家居空间的美感与气质。灰色与白色的搭配，会突显家具的精致感与现代感，因此也是常用选择。清新的绿色相较于原木色，能为空间增添一抹自然气息，点缀生活的诗意与优雅。若是白漆能与磨砂玻璃组合，相较于传统样式，更具文雅清新的韵致，比较符合现代人的审美需求。

为二手木质家具刷漆有五个步骤：

①用磨砂机或者磨砂纸对家具进行打磨，去掉原油漆和漆面上的杂质，以便增加油漆的附着力。

②用干净吸尘的抹布细致地清理家具表面，尽可能去除灰尘、木屑、水渍、污渍等。

③在刷漆之前，最好先涂一层底漆，这样不仅能将家具原色覆盖，还能使油漆附着更牢固。也可以直接购买底漆与油漆二合一的产品，简化刷漆工序。

图4-10　清漆

④底漆涂刷24小时后，便可用刷子、滚筒、喷漆对家具表面进行精细涂饰。

⑤最后一道工序为涂刷清漆（图4-10），清漆可在油漆表面形成保护膜，让家具颜色持久鲜艳。

不过，需要注意的是，不是所有家具都适合刷漆。相较于板式家具而言，实木家具更适合重新刷漆。油漆应选择与家具表面原有油漆性质相同的产品，以防止新旧两种油漆发生化学反应，导致家具表面起皱。

其次是功能转换。将二手家具的原有功能进行创意改造，使之发挥的作用更符合使用者的功能需求与审美品位，从而提高家具的利用率与生活价值。比如可将旧床的骨架打造成复古而文艺范十足的长椅；或是让老旧的箱子摇身一变成为具有收纳功能的坐凳，为空间增添几分年代感、文艺感；又或者将旧的高脚凳巧妙改造成悬挂式置物架，在其上陈设物品，不仅实用美观，而且突出家居的风格特色。

最后是软包装饰。将二手家具进行软包装饰，不仅能够大大减少家具的冷硬感，更能够突出空间的温馨质感，以及提升家居空间的配色美学。比如在书柜长凳上装饰抹茶绿软垫，瞬间令人耳目一新；将单椅组合成三联长椅，椅面更换成浅蓝色木条板，并于其上装饰抱枕，使长椅更具舒适感与艺术感；朴实无华的旧木箱搭配清新优雅的软包，瞬间变得亲和柔暖。

事实上，改造二手家具的时候，也可从新式家具获得灵感（图4-11），将近似的部分按照新式家具的样式改造，让二手家具面貌一新。

图 4-11 二手家具改造可以参考新式家具的样式，如抽屉外形

●购买二手家具时应注意的事项

二手家具虽经济实惠，但也存在一定缺陷，所以购买时要注意以下 7 点：

①家具尺寸是否合适。选购二手家具前，需合理安排家具摆放位置，并用尺子测量需要的空间大小，有针对性地挑选需要的家具。

②板式二手家具拼缝是否严密。注意家具表面是否平整，有无鼓包、起泡、拼缝不严等问题。

③家具四脚是否平齐。要注意二手家具四脚是否平齐稳定，同时也要注意检查抽屉的缝隙是否过大、柜门是否下垂等。

④家具结构是否牢固。在挑选小件二手家具时，在条件允许的情况下，可以在地上轻摔来确定家具结构是否牢固（要征得卖方同意，注意不要摔坏），声音清脆则质量较好，如果声音发哑有杂音，则说明结构不严密、不结实。大件家具可通过手动摇晃来测试是否稳固。

⑤家具是否发霉。购买二手家具要注意家具内外部是否潮湿发霉，以确保使用寿命。

⑥货比三家。二手家具往往是低价回收高价卖出，为了避免吃亏，在选择二手家具时要货比三家，了解价格行情，对商品价格的合理性了然于胸。

⑦保存购物凭证。二手家具证件多不齐全，所以购买时要保存好购物凭证，遇到纠纷时方便维权。

第四节

不买床也可以睡得舒适

现在买一张床需要多少钱？就目前的北京家装市场来说（不一定适用于其他地区），实木床价格大概 5000 ~ 20000 元，板式床大概 3500 ~ 10000 元，真皮软包床均价 6000 元左右，布艺床大概 4000 ~ 9000 元。

事实上，即使同一类床，因为会有不同情况，价格差别也比较大。比如，材质一样，但床头款式或工艺不同，价格就会相差一两千元，有床箱和无床箱又会相差两三千元。所以，想要买到一张中意的床，需要综合款式、尺寸、材质等各方面因素。

如果不买传统的床可以吗？当然可以，现在有很多新式的床，比如有一种无床头的定制床正在流行，这种床既能合理利用卧室空间，又能增加储物功能。此外还有其他样式的床，这里就为大家具体介绍一下。

●无床头的床

①床头半柜。床头半柜既可以代替床头，又可以作为床头的储物空间（图4-12），打破传统床头柜的陈列格局，把线路都隐藏在柜子里，搭配壁挂台灯更是活泼又实用。

床头半柜不一定非要木质材质，在装修时特意用砖砌成也可以。半墙之上摆设装饰画、花器、台灯，别具情调。

图 4-12　床头半柜

②一体式定制床。如果买一张床需要将近一万块钱，那么定制一整套一体式定制床的花费也不过如此，而且床、柜子、床头柜甚至连书桌都有了，多么划算。一体式定制床的优点就是可以合理规划空间，使空间零浪费（图4-13）。

除了床、床头柜与柜子的组合，床、床头柜还可以与飘窗组合起来。以宽大的床头板为靠山，床头柜不再是孤军奋战的独立个体，而是连接床头与飘窗的得力纽带。床头柜到窗子的距离相对狭窄，不如索性把床头柜和飘窗合二为一。因为和床头柜组合，窗边的空间也不会浪费。

善用组合式的家居，可以打造不一样的居住体验，这大概就是空间利用的绝妙之处吧。

图4-13　一体式定制床

③利用床头四周做收纳空间的床。其实，不只是床头柜有收纳功能，如果床头空间允许，可以打造出更多的收纳空间。比如床头抵墙，在床头两侧的墙上设计两边对称的收纳格子，书籍、小摆件和睡觉前摘下的配饰、眼镜等都可以通过格子在墙上收纳。

或者可以尝试把墙上的储物架和床头柜合二为一，直接在墙上打造床头的储物空间（图4-14）。在储物架上安放光源适合的吊灯，也可以节省床头柜上的空间。

床头储物不在数量多，在于随意、方便，触手可及。

④壁柜床头。如果喜欢功能性强大的床头背景墙，不如整墙定制柜子，把背景墙做成储物空间（图4-15）。

壁柜设计应尽量简约，储物柜身兼多职，既是床头，也是床头柜，更是很好的软装饰品，让床头背景墙很有视觉上的聚焦感。这种设计比较适合较宽的房间，只需再加一个床架或床箱就可以打造一个多功能居室。若是将整墙的定制柜子做嵌入式设计，则可让整个空间更为完整统一。

⑤书房和卧室合二为一。小卧室虽然空间有限，但是如果利用得当，可以得到双重空间的使用效果。比如将床、床头柜、书桌巧妙连接在一起，对空间合理布局，房间会看起来非常整齐（图4-16）。

图 4-14　在墙上打造床头储物空间

图 4-16　卧室空间合理布局

图 4-15　背景墙做成储物柜

●地台与炕：剪不断，理还乱

除了以上所讲的床，还有一种地台床，因为多功能、节省空间等特性，特别适合小户型。

但什么是地台呢？说得直白些，就是炕的"质的飞跃"的产物。炕是以前北方居室中常见的一种取暖设备，比如东北的火炕。

为什么说地台是炕的升级版呢？因为介绍地台的时候，不少人都有一个疑问：这不就是东北大炕吗？那么，东北大炕真的是地台的前身吗？不妨先来比较一下东北大炕和地台。

1. 炕和地台

①整体外形。二者外形似乎区别不大，都是占据家中一部分面积来尽情发挥作用的。炕一般都比较高，需要爬上去；地台比较矮，跳上去都没问题，高度一般小于 40 cm 或者 40 ~ 60 cm（不算床垫）。

②外观。地台的外观比炕好看（图4-17），这和它们的材料不同有关系。

图 4-17　美观的地台（图①由美豪斯提供）

③内部构造。从构造来讲，炕分为很多种，其内部构造远比床、地台要复杂很多。

炕的炉灶可以生火做饭，冬天窝在热炕头很舒服。并且因为生活习惯的不同，炕体也有很多形式，如直洞式、横洞式、花洞式等，劳动人民的智慧当真不可小觑。当然，地台也是有内部构造的。

地台基本构造分为基层和面层，基层就是构成地台的内部核心，有框架立板、底板和衬条；面层就是覆盖在上面的板子。这样就形成了一个地柜储物空间。如果想打开地台，得安装隐藏把手，它可以 180° 旋转。定制的时候大多会安装这样的把手，方便打开地台面层，在上面放乳胶垫也毫无压力。把手一定要选择不易生锈、不易氧化、耐磨的优质合金，不然时间长了需要更换。

除了把手，地台内部还可以选择安装阻尼五金，轻轻一拉就会自动开合，闭合的时候缓缓下降，不用"胆战心惊"地开合地台（图4-18），省时省力还安全。

如果想要地台面层上覆盖木地板（为了和家里地板协调），这种操作比较考验工人师傅的耐心，因为要用支架拼接地台表面和地板，用气枪从侧面固定地板，然后在背面用螺钉固定。做好后，表面那层地板会有缝隙，洒水的话会比较麻烦，这是不可避免的。不过这样就不能用隐藏把手了，可以改用磁铁开门的形式。

最重要的一点是，地台的用材一定要安全、环保。一般选择多层板、颗粒板、松木等做地台板材，板材甲醛排放量要在较高的环保级别，不要凑合。一般来说，在定制的时候，工厂就会标注环保级别，但即使如此，定制好了也要记得通风除甲醛。

图4-18　地台开合

④储物能力。从储物能力来讲，地台当之无愧地获胜，因为地台是在炕的基础上"出道"的。炕的两边或者一边有储物柜，用来存放被子等物品。地台也是可以的，并且还有隐藏储物的能力，比如利用地台柜子或者抽屉来储物（图4-19），这样不会占用表面空间，在视觉上也不会压抑。

⑤休闲功能。地台和炕都有"休闲模式"。炕上可以睡觉、吃饭、聊天，地台也都可以。但是由于地台所在的空间不同，功能也不同。卧室的地台床主要用于睡觉，客厅的地台则可以用来发呆、看书、晒太阳，必要的时候也可以当作床来应急（比如家里来客人），比让客人睡沙发要好。还有，在地台上可以安放升降桌，或者就直接放上桌子，使之变成聊天地带。

总之，地台和炕有着一种"剪不断、理还乱"的关系。

图4-19　地台的储物功能

2. 地台的正确使用模式

现在要想住炕也不容易了，所以还是好好了解下地台吧。地台其实就是换了种形式来当作床或者休息区，因为它可以开启不同模式，所以有了地台，就相当于有了很多种空间，待客、休息、聊天、办公都可以在这里进行。

但如果是类似"一块板子"的地台，就没有安装的必要了。因为它什么功能也没有，和床一样，还不如床的样式多。而且有些这样的地台，睡在上面有些行动不方便。

将地台与工作区结合，好好设计，可以达到很好的效果，能使布局动线合理，储物能力翻倍，且可操作性强，工作累了就可以去地台那里休闲一下（图 4-20）。若是干脆将卧室和工作区用地台结合起来，不需要多大空间，休闲区和工作区就都有了（图 4-21）。

其实地台床真的很不错，大抽屉可以让四季的被子都有地方存放，还自动划分了空间属性，地台里面是卧室，外边是客厅，多么节省空间又富有智慧的设计！

图 4-20　地台与工作区结合　　　　图 4-21　卧室和工作区用地台结合

3. 让人又爱又恨的地台

为什么有人超爱地台？大概有五点原因：

第一，地台有一种安全感，因为它很实在地贴近地面，不会移动和改变；睡觉的地方能储物，看书的地方也能储物，这都是小空间的福利。

第二，地台可以自动分割空间，如果是一个开间，地台的出现会自动将其分割出区域性。

第三，只要地台足够大，对床垫的尺寸要求就放宽了（图4-22）。很多人都可以睡在上面，还可以随意打滚，安心开启"睡觉不老实"的模式。

第四，地台和炕的功能一样强大，这一点无须赘言。

第五，有些人有一种睡在地上的情怀，睡在地台上的感觉就好像睡在地上。不要小瞧情怀，它会影响你的生活。

那么，为什么又有人嫌弃地台呢？相应地也有五点原因：

第一，地台是固定的，不能改变。在现代生活中，人们的思想和习惯改变极快，不想接受家具不能改变的设计。

第二，地台会产生很多卫生死角，比如底部和地面的衔接处，打扫起来有点麻烦，不过没有洁癖的可以忽略这点。

第三，家里有小孩或者老人的话，会担心不安全。

第四，太高的地台会有些压抑，而且搭配大件厚重的家具会感觉家里空间变小了（虽然可利用的空间变大了）。

第五，有些人不喜欢睡炕，因而看到地台就产生排斥心理，对它有心理阴影（就是任性不喜欢）。

所以要不要装一个地台，一定要充分评估后再做决定。

图4-22　地台足够大，即使在上面随意打滚也不用担心（图片由美豪斯提供）

谷仓门与其他推拉门的对决

时尚是个圈，如今越自然、质朴的事物越会受到大家的追捧。不知道是不是这个原因，近两年，谷仓门开始流行起来，成了网络上很多人追捧的门。一说到推拉门，大家首先想到的就是谷仓门。

谷仓门原本是国外农场的仓库门，之后用到了室内，效果十分惊艳，有一种质朴、纯粹、粗犷又细腻的感觉。

然而，虽然谷仓门很受欢迎，但有些人对它依然处于观望状态，因为不知道自己的家是否适合安装，也不知道效果如何。其实，安装谷仓门并不是件麻烦事，但首先要搞懂关于它的一些问题。

●谷仓门的独特之处

谷仓门有六点独特之处：

①吊轨外置，轨道在墙体上方，门是悬挂着的，对墙体有一定要求（图4-23）。

②轨道对五金的要求比较高，这关系到推拉谷仓门时的噪声程度。

③外形美，有质感，相对比较便宜。动手能力强的话，可以去二手市场淘木板，然后自己制作。

④隔声效果差，密闭效果差。

⑤风格多变，不局限于木质，甚至有玻璃、金属材质。

⑥可以重复利用，搬家都可以带走。

图4-23　谷仓门

●谷仓门和推拉门对比

①轨道不同。推拉门有一个特别不好的地方是轨道在下边，像个小门槛一样，虽然没有什么大碍，但是出入有些不方便。更不方便的是打扫地轨，因为里面总会积满灰尘、头发、垃圾。我们一般不会去刻意打扫这里，所以日积月累，这个地轨就很容易脏得一塌糊涂，污垢很难去除。如果推拉门安装在厨房，那更是噩梦，地轨里的污垢也许这辈子都难以清除掉了。安装谷仓门就没有这个烦恼，因为它的轨道在上方（图4-24），打扫方便又安全。

②对门洞的要求不同。推拉门对墙体没有什么要求，但是门洞要大，不然推拉空间不够，一般被当成隔断来用，有分割空间的作用；谷仓门对墙体有要求，但是对门洞没有要求，门洞小的话，可以将门推拉到旁边的墙上。

图4-24　谷仓门轨道在
　　　　上方

③材质不同。推拉门的材质相对单一，主要就是钛镁合金，外观单调，没有什么特点；谷仓门首先从外观上略胜一筹，其次它的材质可选择性较大，主要是各种材质的木门。除了木门，还有铁门、玻璃门等选择，用久了还可以喷漆换装。

④性价比不同。虽然推拉门便宜很多，但它是固定的，带不走；谷仓门可以搬家的时候一起带走。如果说这个理由也许不会用上了（不会搬家），那推拉门还是相对便宜的。

●谷仓门的安装

安装前，要先看下家中的墙体。由于谷仓门的轨道在上方，并且门是悬挂着的，所以一定要选择承重墙，而不是空心墙、轻质砖墙等墙体。并且，墙体上方和左右两端一定要有足够的空间用来安装和推拉谷仓门。

安装的时候，门洞顶端到房顶的距离要大于16 cm加上门套的高度；门板底部还要留出距离地面大约1 cm左右的高度；门板宽度要大于门洞宽度，门洞旁边墙体的宽度也要大于门洞宽度。这些要了解清楚，安装前事先量好尺寸。

尺寸量好后，就可以选择门板的材质、样式和五金件了。谷仓门的样式有很多，大家可以挑选自己喜欢的。门板的材质一定要选好，这会决定谷仓门的价格，比如有实木、红橡木、水曲柳、樟子松等材质，还有玻璃、金属材质，用起来别有一番感觉。

另外，带有黑板墙的谷仓门更实用、好看一些，因为它不仅是一扇门，还是一面墙。顺便在谷仓门上安个黑板墙，可以一举两得。

谷仓门的五金件一定要选好，如果定制的话，一般卖家都会提供搭配。由于五金件决定滑动时噪声的大小，所以要慎重选择（图4-25）。

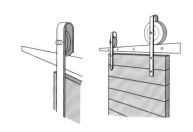

五金件的材质主要就是两种，金属材质和不锈钢材质。金属材质有一种沧桑古老的感觉，不锈钢材质有些现代的气息。

滑轮也有很多样式，安装上去都很好看。

图4-25　谷仓门使用的五金件

●谷仓门的用途

谷仓门一门多用，既可以用来储物，又可以当作隔断门。比如和储物间搭配时，将门打开，储物间就被关上了，将门关上，储物间又被打开了。并且这样会感觉空间变大了，因为看上去好像多出了一个屋子。

谷仓门还可以单纯用来隔断。如果家里面积够大，又想营造出空旷大气的感觉来，谷仓门完全可以帮你实现。感觉住在仓库里，有种美式乡村的格调和气派（图4-26）。

图4-26　谷仓门打造美式乡村风

●适合安装谷仓门的空间

结合谷仓门的一些弊端和好处，它适合安装在衣帽间、杂物间、书房、厨房等半封闭的空间，这样不但家里的美感提升了，还不会有居住的困扰。

①衣帽间。首先，谷仓门属于推拉门的一种，可以节省一些空间；其次，衣帽间不需要什么密闭性，谷仓门最合适不过了。谷仓门的样式选择简单一点的就好，在木门上涂一层漆，和屋子的整体风格搭配，还可以顺便安上一个门把手。

②杂物间。谷仓门原本就装在室外储物间，搬进家里后，依然可以干自己的老本行。谷仓门里的杂物间用来放些锅碗瓢盆，很有生活的感觉。

③书房。工作、学习自然需要一个安静的环境，可以用谷仓门分隔，因为不涉及密闭性，但是也要注意隔声效果。

④厨房（图4-27）。有些人会担心厨房的油烟会跑出来，其实大可不必，因为还有抽油烟机发挥作用，而且谷仓门并不是没有任何密封性。也不必担心油烟会渗入门中，因为一般谷仓门都会有木蜡油或清漆涂层，定制的时候可以关注一下。

怎么样，有没有动心在家里安装个谷仓门呢？

图4-27　谷仓门用于厨房（图片来自我图网）

附 录

装修全程时间节点及注意事项

好多人在初期装修的时候，不知道该如何着手。我们结合一般装修的流程，整理出整个装修的重要时间节点和注意事项，供大家参考。

一、准备期	
1. 设计	
量房	量房图是整个装修的钥匙，后面的许多产品在选择、询价、采购时均需要量房图中各种数据的支持，因此要确保尺寸完整准确
制订初步设计方案看预算	①硬装设计师制订初步设计方案，主要讨论平面布置图的合理性； ②主要看自己是否喜欢这个方案布局，方案是否能满足实际需要； ③确定预算是否在自己的承受范围之内
2. 软装	
软装设计	①缴纳定金； ②优化硬装设计师的设计方案
3. 电器	
选购	①确定自己家里需要的电器，并收集相关参数； ②将选定电器加入电器采购清单，并录入相关数据转交硬装设计师，由硬装设计师布置到图纸中并确认水电支持需求； ③如果要在非承重墙上挂电视机，需提前确定电视安装架的尺寸，以便轻体墙施工时做加固的位置能和电视安装架匹配
4. 主材	
中央空调	选购： ①确定方案和预算，尽快落实勘查现场； ②一般中央空调现场安装需 2～7 天，主要由风机数量决定； ③拆除结束后，即可进场施工
新风	选购： ①确定方案和预算，尽快落实勘查现场； ②新风安装一般需要 2～5 天，主要由布置的风管数量决定； ③拆除结束后，即可进场施工

暖气片	选购： ①货比三家，定方案，比预算，读合同，付定金； ②要拿平面图现场确定，图中有房间面积、房高、朝向，可以据此直接计算出每个房间的暖气片用量； ③暖气片从签约交款后生产周期大约 15 天左右； ④改暖气管需要和水电施工一起进行
橱柜	选购： ①选产品，看草案，比预算，确认后交付定金，约定首次现场测量。如果已有完整准确的量房图，首测可省，卖家和设计师可直接用量房图做首版方案供业主确认； ②橱柜五金，确认需不需要转角拉篮、米箱、阻尼抽屉等； ③橱柜电器要确认哪些设备嵌入橱柜，水电改造时需要计算具体位置和用电量进行选购
厨卫电器	选购： ①确认要用什么产品，哪些在施工时需要预留水电、煤气和排风管道管口，如燃气热水器（需要水路和电路支持）； ②如果有配套管道的话，要提前确认购买，水电施工需提前考虑管道安装路径，如浴霸； ③厨卫照明，最简单的方法就是买和吊顶一起的集成照明灯具，好装又好看； ④厨房电器要选好，嵌入橱柜最重要，橱柜设计师需要产品尺寸； ⑤如果让橱柜设计师给小型家用净水机在橱柜里找个位置的话，还需要设计电源，给水排水和橱柜水槽共用即可，最好不要把过滤的废水直排，避免浪费
地暖	选购： ①货比三家，定方案，比预算，读合同，付定金； ②确定方案和预算，尽快落实勘查现场，确认集分水器位置，确认温控管和温控线位置，需落实到墙面或图纸上； ③地暖施工要在水电施工结束后进行
软水机	选购： ①软水机的前置过滤需要在水电改造时装到主管上，并要考虑确认排水支持； ②软水机体积比较大，一开始就要落实具体的摆放位置
净水机	选购： ①选购净水机主要考虑水槽下方是否放得开； ②位于水槽下方时，不需要特殊的给水和排水支持，和水槽共用即可，但必须预留插座
楼梯	选购： ①货比三家，选款式，看草案，定预算，用设计师提供的量房图让卖家制作比较详细的方案和预算； ②简单来说，楼梯需要 30 天以上的生产周期，因此越早确定越好

防盗门	选购： ①先咨询物业防盗门是否可以外开，因为很多物业不允许； ②一般标准防盗门交货期为 10 天，非标防盗门为 30 天左右，这个时间是业主签合同交款后厂家上门测量后的生产周期； ③由于非标防盗门生产周期长，应尽早进入生产周期，且拆装防盗门会对原门洞有损伤，需要装修施工方修补，另外内开的防盗门会制约地面的高度，所以需要尽快确定方案； ④订购后尽快安排现场测量，进入生产备货周期
型材门窗	选购： ①选择时，带图和照片，定草案，比预算，聊工期，确认卖家，付定金，现场测量； ②型材窗户最好在瓦工进场施工前安装完毕，最晚和瓦工一起进场安装； ③窗户安装后 4 小时内要避免粉尘施工，以防污染新涂的玻璃胶
瓷砖	选购： ①选定并确认； ②网购瓷砖，只能多不能少，收货时如发现有损伤，马上通知卖家补货； ③选瓷砖，需要勾缝剂、砖卡一起看，一起买； ④不要忘记地漏，地漏在卫生间铺地砖时需要，最好和瓷砖一起到达施工现场； ⑤地砖上墙，或者粘贴不吸水的瓷片以及规格小于 300 mm 的瓷砖，施工公司会收取附加费，请提前估算好整体费用
定做箱、柜及门	选购： ①选产品，定草案，看预算，聊工期； ②要带上平面图和现场照片，提高沟通效率； ③网购时要给卖家平面图和现场照片，他会按照业主的想法做方案和预算
地板	选购： ①确认地板是龙骨铺装还是直接铺在地面上； ②确定地板厚度，瓦工做地面找平需要具体的预留高度（地板厚度、龙骨与保护膜加起来是总体厚度；复合地板无龙骨，需要知道地板厚度加上保护膜的厚度）
木门	选购： ①看材质（主流是两种：实木复合门和免漆门，实木复合门性价比更高），做预算； ②垭口和窗套是商家的利润点，也是业主不经意间的一项大支出，要弄清楚价格； ③如果垭口、门套超厚，要单独加钱，所以要提前问清楚收费情况； ④确认工期，木门生产周期在 30 天以上（从现场测量尺寸后开始计时），要有心理准备； ⑤确定厨卫门种类，是木门还是铝镁合金门。两者对贴砖的要求不同，木门用标准贴法，铝镁合金用门洞内碰角贴砖； ⑥确定入户防盗门是否需要半包门套； ⑦确认是否包含窗套； ⑧确认是否包含垭口

五金	需要提前选购的五金：晾衣杆 在吊顶处安装晾衣杆，要特别交代木工，顶内要预装加固板和2层以上（最好3层）细木工板，否则无法安装（吊顶本身并不坚固）
灯具	需要提前确认的灯具：镜前灯 要提前确认是否安装，如果安装，要确认具体款式（为电源预留位置）
卫浴	选购： ①嵌入式浴缸要提前确定，确定后给水排水才能改到恰到好处的位置； ②如果确定使用智能马桶，需要电源支持，以及自来水支持（有些小区马桶后留的是中水管）； ③考虑面盆位置再改给水排水会更准确，需提前确定面盆或面盆柜的尺寸型号； ④考虑改墙排马桶的话需要提前确认，水电改造一开始就要用到这些尺寸； ⑤一定要了解供货周期。确定使用特殊产品的话，一定要计算好采购时间，可以提前交付定金，让卖家尽快制作并发货

5. 设计

优化方案和预算	根据各方要求优化施工方案，调整预算
定预算	①确定预算后签订施工合同； ②交付首期工程款； ③择日开工（一般不要要求签订完合同后马上开工，最好给出3天左右的准备期，除非工长那里已经万事俱备）

6. 施工

选工长	①了解下该工长的口碑，找原来的用户咨询即可； ②与工长见面聊天，或者直接约到该工长距离您家最近的工地参观沟通，这个工作也可以放到更早的时候完成

7. 监理

选监理	①了解该监理的口碑； ②查看监理案例

8. 主材

橱柜	现场测量： ①尽早安排首次测量，最晚也要在开工拆除交底时安排； ②测量后尽早出橱柜设计图及水电位置图，以供业主选择橱柜和电器，同时为下一步水电施工提供厨房的水电改造方案，很多业主的进度就卡在了橱柜水电改造上

9.其他	
物业	物业要求： ①带好装修押金、装修管理费和装修垃圾清运费； ②需要装修公司提供资质文件与图纸，包括平面图、拆改图、吊顶图、给水排水改造图、插座布置图和开关灯具图等； ③施工人员2张照片及身份证复印件； ④若有其他物业要求，需携带所要缴纳的费用，并提前与物业公司联系确认
燃气公司	燃气表的拆装及燃气管道改造： ①燃气表在二次装修时可以拆除，可以在燃气表后贴完整的墙砖，同时有效避免墙砖空鼓（不拆燃气表，墙砖出现空鼓面积小于20%，属于正常情况）； ②燃气表必须由燃气公司的专业人员拆除，尽管水电工人也可以处理，但不建议； ③燃气管道改造必须由专业人员施工，提前确认好改造位置，并在橱柜或其他家具上把过燃气管道的孔预先开好； ④安装燃气表、燃气灶接通燃气、燃气热水器接通燃气等工作均需要在橱柜安装时一起完成，安排时间靠后的话，最好预先开好孔洞

二、开工	

1.设计	
设计	现场交底： ①设计师带好全套图纸，确认拆除内容； ②水电位要在本次交底时预先与业主沟通具体位置，如有调整，需一一记录并在正式水电交底前落实到设计方案中，之后水电工人进场后，放线、施工均按图纸执行

2.施工	
工长	参与现场交底： ①测试给水水压； ②测试排水是否畅通，排水不畅通的话，要及时通知业主进行疏通，以防装修结束后发生无法疏通的情况； ③落实拆除后要保留的项目内容

3.监理	
第三方监理	外聘第三方监理需参与拆除现场交底： ①外聘第三方监理应参与首次拆除交底； ②对有可能产生歧义的拆除要求要一一落实验收标准，如铲墙皮标准、地板找平层拆除标准等； ③施工公司自己的监理无须到场，验收标准按公司标准执行即可

三、施工前期	
1.施工	拆除施工
2.主材	

暖气片	拆除旧暖气片： ①在装修前拆除，或与装修拆除一起进行，尤其是有暖气的墙面要拆除时； ②暖气在拆除施工后与水电改造一起拆除； ③拆除暖气片后要及时保护暖气管口，以防异物进入暖气管道
3. 监理	
验收节点	拆除验收、水电交底及水电验收交底： ①验收拆除及保护项目是否合格； ②参与水电改造交底； ③明确水电验收标准
4. 设计	
现场服务	拆除验收及水电交底： ①验收拆除及保护项目是否符合设计要求； ②参与水电改造交底
5. 主材	
中央空调	施工： ①拆除验收的同时，中央空调可开始进场施工，现场安装室内外风机及管路； ②确定施工工期； ③中央空调施工结束后，水电施工可以开始
新风	施工： ①拆除验收的同时，新风可开始进场施工； ②确定施工工期； ③新风施工结束后，水电施工可以开始
地暖	参与拆除验收及水电交底： ①和工长沟通施工方案； ②确定地暖与水电管交叉处的处理方案，并要求工长记录后在水电施工时实施
型材门窗	第一次最佳安装时间： ①拆除验收时，有一段空闲时间，现场无粉尘施工，这时安装窗户是最佳时机； ②窗户可以尽早安装，纱窗尽量晚装，最好等完工后再装
防盗门	第一次最佳安装时间： ①拆除结束后安排防盗门测量； ②测量结束后，尽快付款开始制作
6. 瓦工施工	有新砌墙时，施工放线后瓦工第一时间进场施工； 砌墙后 72 小时内不得在新砌墙上进行开槽作业

7. 水电施工	
8. 主材	
中央空调	前期验收： 组织施工负责人和空调安装负责人做交付验收；或者在空调施工结束后协同空调施工方做独立验收，同时出具验收报告 主要验收内容： ①临时通电后风机是否能正常启动； ②给冷凝水盘倒水，排水是否流畅，并做渗漏试验； ③查看冷凝水管保温有无破损； ④确定风口位置及尺寸，并要求工长记录相关数据，未来交付木工施工； ⑤确定控制面板位置，同时确定控制开关处是否需要火线支持。 确认验收无误后，再交给施工负责人。千万别图省事，否则出点事情互相推诿就比较麻烦了
	布线：根据室内外风机位置布置电源线与控制线 ①一般开槽布管由装修方负责，穿控制线由空调方负责； ②电源线一般由装修方负责布置
新风	穿线：根据新风机位置布置电源线与控制线 ①一般开槽布管由装修方负责，穿控制线由新风方负责； ②电源线一般由装修方负责布置
暖气片	改管： ①暖气管位于水电管下方，需地面剔槽改管，应与水电施工一起进场施工； ②暖气管出水口要准确，固定牢固可靠； ③改完暖气管需清理现场垃圾，并进行打压测试（仅限有独立阀门关闭全屋暖气的情况）； ④打压测试合格后，进行暖气管槽回填，回填后绝对不得高于地平面（低些没问题）
软水机	安装前置过滤器： ①前置过滤器需安装在主水管干道上； ②确定软水机位置，注意提供电源和排水； ③安装完前置过滤器后要严密保护
净水机	确认净水机安装位置： ①注意提供电源； ②给水和排水可以和橱柜水槽共用，如有特殊需求，需向工长确认； ③橱柜安装后安装净水机
厨卫电器	水电位排查： 逐一确认各电器的水电改造是否到位，相信只有你自己才是最负责的，未来电器安装若是发现少了一个电源或水口就麻烦了，对着厨卫电器清单核实下吧

开关插座	统计： 一定要在这个时间点把所有开关插座的数量统计好（即使只差错一两个，未来也很可能就要多跑一趟线路）
灯具	统计： 水电验收时一定要一起统计灯具的数量和品种，方便又不会出错

9. 监理

验收节点	水电验收

10. 主材

新风	前期验收： 新风系统完成后要与水电验收一起，协同施工方做个完工验收，出具验收报告。 主要验收内容： ①通电后风机是否能正常启动； ②排风和补风流量是否正常、无泄漏（重点看接头位置）； 验收无误后，方可开展接下来的施工内容
地暖	地暖施工： ①水电结束后，地暖厂家进场施工； ②地暖管道施工结束后要进行打压测试，打压合格，开始做地暖回填； ③地暖回填要带压施工； ④回填结束后，要养护 7 天； ⑤7 天后，施工公司再次进场施工，正式施工时要对地暖施工进行验收； ⑥与装修施工工长强调，地暖周边的保温条不得随意拆除，要切割整理后做地面饰面工程

11. 施工 木工施工；瓦工施工

12. 主材

灯具	确认吊顶加固预埋： ①吊顶内部，为大型灯具预装了固定件（直接在原结构顶面固定的挂钩，挂钩在吊顶完成面下方）； ②若无在吊顶上安装大型吊灯的情况，请忽略该注意事项
型材门窗	窗户最后安装时间点，以及厨卫门采用铝镁合金门的情况： ①瓦工贴墙砖之前必须安装完窗户，否则瓦工只能停工等待，会严重影响工期； ②厨卫采用铝镁合金门，要向工长和瓦工交代清楚，以确定门洞内口砖是否贴、怎么贴，以及贴的转角； ③要确定门的开启方向和门自带门套的位置，由于不同情况对现场贴砖收口的要求不同，如果交代错了或者贴错了，后期安装门时就会很麻烦

中央空调	留口： ①木工进场，工长要向木工转达出回风口及检修口位置、尺寸； ②如之前没有记录，本次务必联系厂家，记录并按规定尺寸施工
新风	留口： ①如果新房主机放于厨卫顶部，安装厨卫吊顶时注意即可； ②木工进场，工长要向木工转达出风口及检修口位置、尺寸； ③如之前没有记录，本次务必联系厂家，记录并按规定尺寸施工
地暖	切割地暖保温边： ①地暖周边设置的保温边是用来防止热量向墙体或户外扩散的，不能随意取缔； ②正确的方法是用壁纸刀切割掉高出施工面的部分，缝隙处贴踢脚板砖遮盖； ③如果铺地板，就要在做好水泥砂浆找平后再把保温边切割到与地面找平层一样； ④如有异议，请联系地暖厂商确认
型材门窗	最后安装时间点： ①瓦工贴墙砖之前必须安装完窗户，否则瓦工只能停工等待，会严重影响工期； ②窗户可以尽早安装，纱窗尽量晚装，最好等完工后再安装
防盗门	第二安装时间点： ①瓦工做地面找平或贴地砖前安装； ②最好在这个时间点安装防盗门，以免地面高度和防盗门有冲突
瓷砖	瓷砖送货：瓦工进场的同时完成瓷砖送货 ①哪种瓷砖铺贴到哪个位置，要写清单给瓦工，避免铺错地方； ②砖卡规格要落实，标准砖缝为 2 mm，配 2 mm 卡子，其他规格要提前落实好； ③送货损耗要落实，磕边碰角的砖，该退货的要退货（边角需要切砖，边角磕碰有损伤的数量不多，一般不用退货，但要做好记录，让厂家确认，这样未来有退货的时候，可以借此争取一些优惠）； ④勾缝剂要一起送到； ⑤地漏要一起送到； ⑥瓷砖上楼需要付给搬运工人二次搬运费，提前和商家讨价，有一定免费的概率
厨卫吊顶	确定吊顶高度： ①瓦工贴砖前必须确定吊顶高度； ②确定吊顶方式，尤其是排水横管是整体藏进吊顶，还是局部包横管处低于其他地方以保证高度；高低吊顶或统一高度的吊顶，选择一种吊顶方式，这会影响瓦工贴墙砖的高度
橱柜	二次测量： ①厨房墙砖贴完即可支持橱柜二次测量，也就是生产测量，测量后开始正式生产； ②如果窗台高度和橱柜高度接近（橱柜高 800 ~ 850 mm），最好铺完地砖后一起测量，会更准确

卫浴	采购： ①瓦工贴砖一结束，最终尺寸就确定了，各种卫浴产品就可以下单了； ②选马桶，排水孔距是硬指标，马桶配套的软管、角阀、法兰要一起购买，否则还要多跑一趟，没有必要； ③面盆除了美观，主要看面盆上的孔是给什么款式的龙头准备的，面盆的排水配件是单独购买的，面盆龙头一般都会有配套的软管，两个角阀要另购； ④花洒，尤其是大家都喜欢的大喷头花洒，购买之前一定要确定房间高度是否适合，花洒的固定高度是否能装到现场； ⑤各种挂件、小五金，测量好安装位置及尺寸再下单
13. 监理	
验收节点	中期验收： ①木工验收； ②瓦工墙砖验收
四、施工后期	
1. 施工	油工施工
2. 主材	
墙饰	采购硅藻泥： ①墙面用硅藻泥的话，现在就要订货了，油工进场要用相应的硅藻泥产品做基层处理； ②如果墙的表面采用硅藻泥，现在也可以订货，等油工处理完底层石膏后就可以让硅藻泥厂家人员施工了
	采购乳胶漆： ①墙顶面颜色，顶面最好用白色，墙面颜色任选； ②颜色较纯、较暗时，调色的漆需要采用透明的基漆，而透明基漆一般和厂商的各种系列是不同的一类产品； ③选择浅色墙漆的话，要选比您喜欢的色卡颜色再浅一格的颜色。色卡上的颜色刷到墙上，由于面积变大，会比小色卡上的颜色看起来深，所以最好往下选一格
开关插座	采购： ①现在可以下单购买插座了，网购即可； ②送货可以直接送到工地现场
灯具	采购： 现在可以下单购买灯具了，一般灯具网购即可，除了个别著名品牌
地板	采购： ①确定相应规格的收口压条（过门条）和踢脚板是否收费（有卖家提供免费踢脚板）； ②确定通知安装后多长时间能到现场安装； ③顺便为工人师傅买包鞋套，铺完地板，地面需要保护了

防盗门	最后安装时间： ①防盗门安装要考虑不得与地面高度冲突，否则开门比较麻烦； ②防盗门安装后的缝隙由油工处理
定做箱、柜及门	现场测量下单： ①如果空间有新建的墙，墙体完成底层石膏找平后，再定制柜体和柜门，尺寸较准； ②无新建墙体的话，则根据卖家工期自由确定测量时间； ③厂家柜体制作尺寸写到墙上，拍照留档，方便工人和工长察看； ④要求施工人员注意柜体尺寸和整体空间的垂直度，放整面墙的定制柜，如果墙不够垂直，效果就会不佳
厨卫吊顶	安装： ①吊顶安装不能着急也不必着急，至少要在地面瓷砖贴完3天后安装。水泥达到终凝要求等等72小时，这时地砖才可以承受基本的安装振动和梯子的局部压力； ②配套浴霸排风管和止逆阀、厨房抽油烟机排风管和止逆阀要安装到位。如果浴霸和吊顶是一个厂家的，浴霸排风可由吊顶厂家人员安装。抽油烟机止逆阀和排风管由抽油烟机厂家工作人员安装，并明确告知烟管出顶的位置，最好在现场明确标示； ③厨房吊顶前要确保抽油烟机的排风管已经安装到吊顶以上的位置了，最好给出精确的吊顶开孔位置，把烟管引到吊顶下； ④燃气热水器的排烟管在吊顶里面的话，要提前把排烟管道拿到现场并安装好，以便吊顶留口
瓷砖	美缝、瓷缝
石材	安装窗台板： ①刷漆前一定要完成窗台板安装，这是最后的时机，最好油工一进场就把窗台大理石安装好； ②窗台板安装，目前市场通用的是采用腻子安装固定，若有特殊安装需求时，要在采购时和商家落实； ③窗台板安装后应予以保护，避免刷漆污染
墙饰	乳胶漆现场施工： ①先刷顶后刷墙，如果贴壁纸的话，一定要先把顶面乳胶漆刷好了再贴； ②乳胶漆按产品包装上的量兑水，很多工人喜欢多兑水，因为那样刷出来的滚纹比较浅，但兑水多的话，工人刷的遍数也多，按照产品说明来兑水不会有问题； ③深色或纯色的乳胶漆一定不能多兑水，否则一桶漆就毁了，刷出来永远是花的
	壁纸现场施工： ①铺贴壁纸前要提前滚壁纸基膜； ②壁纸不能贴到乳胶漆上，千万不要把剩余的乳胶漆滚到要贴壁纸的墙面； ③关窗阴干保养一周，提前通风会缩短壁纸使用寿命； ④贴完壁纸48小时后才能在墙面进行打眼安装，例如安装暖气片等

五、完善期	
1. 主材	
中央空调	后期安装： ①安装出风口、回风口及检修口； ②安装控制面板； ③整体调试运行
新风	后期安装： ①安装出风口及检修口； ②安装控制面板； ③整体调试运行
暖气片	暖气片安装： ①如果墙面为壁纸饰面，则暖气片安装最好在贴完壁纸 3 天后进行； ②暖气安装要平稳牢靠； ③自供暖的话，可以给水试下暖气片是否能正常工作，并进行渗漏测试； ④集中供暖的话，在给暖气的第一天要严防死守，以防漏水
橱柜	安装： ①现场安装，验收合格，支付尾款； ②收口用的玻璃胶最好自己购买质量好的，工人自带的质量没有保证，为日后防止油烟侵蚀，使用质量好的玻璃胶还是有必要的
厨卫电器	安装： ①最好和橱柜一起进行； ②热水器、抽油烟机、灶具等其他厨房电器到现场安装； ③安装时小心别伤了水电线管，之前拍的水电改造照片现在派上用场了
瓷砖	美缝、瓷缝，经济安装，可以只做到露在橱柜外面的砖缝
软水机	安装： ①软水机设备到现场安装； ②后期使用及保养请参考说明书
型材门窗	安装铝镁合金门： 现场安装，洞口若留得方正，安装就会很快，打胶尽量用自己买的优质玻璃胶
定做箱、柜及门	安装： 现场安装晾衣杆，提前预约厂家安装工人
开关插座	安装： ①安装开关面板及插座，注意"左零右火上接地"（监理会检测，自己也要知道）； ②网络面板和水晶头，提前联系宽带服务商上门安装，虽然装修工人也可以做，但这种专业工作还是交给专业的弱电工程师来完成吧

灯具	安装: ①安装稳固; ②控制测试
洁具	安装: ①比较高档的洁具最好请厂家安装工人安装,他们比装修工人更了解自己的产品,安装也会更小心、更专业; ②洁具安装结束后,要记得测试一下给水排水; ③除了测试,最好24小时内不要使用,以免玻璃胶被破坏
地板	安装: ①注意先请小时工做一次全面的地面吸尘,以防未来尘土从地板下再跑出来; ②提前询问地板安装公司工人是否会带吸尘器,比较专业的公司会让安装工人带吸尘器,先把地面清理干净再铺装; ③再次确认地板铺装方向(顺光铺装最合理); ④提前落实过门条的位置,一般室内木门都是向内开,过门条的地板接口位置最好留在内墙向门洞方向1 cm处,这样对4 cm厚的木门来说,过门条正好在门的正下方
2. 其他	
保洁	初次保洁: ①这次保洁做完,整体效果就体现出来了; ②地板安装结束后,即可开始保洁,有时候木门安装不会太快,可以先把保洁做了
3. 电器	
电器	安装: ①洗衣机最好和开关、灯具一起进行,因为水电工在场,安装排水和给水龙头都很方便,顺便可以检验下给水排水布置得是否合理; ②电视机需挂墙上的话,水电工现场顺手就可以安装。若是另行安排时间安装,估计就要收费了; ③其他电器,送货摆放即可
4. 软装	
软装	送货、安装、摆放及交付尾款:包括家具、窗帘及配饰等

图书在版编目（CIP）数据

从户型到软装，装修攻略实用指南 / 闫海峰，仲怡
著 . -- 南京 ：江苏凤凰科学技术出版社，2019.11
ISBN 978-7-5713-0606-9

Ⅰ．①从… Ⅱ．①闫… ②仲… Ⅲ．①室内装饰设计
－指南 Ⅳ．①TU238.2-62

中国版本图书馆CIP数据核字(2019)第225538号

从户型到软装，装修攻略实用指南

著　　　者	闫海峰　仲　怡	
项 目 策 划	凤凰空间/徐　磊	
责 任 编 辑	刘屹立　赵　研	
特 约 编 辑	徐　磊	

出 版 发 行	江苏凤凰科学技术出版社
出版社地址	南京市湖南路1号A楼，邮编：210009
出版社网址	http://www.pspress.cn
总 经 销	天津凤凰空间文化传媒有限公司
总经销网址	http://www.ifengspace.cn
印　　　刷	北京博海升彩色印刷有限公司

开　　　本	710 mm×1 000 mm　1 / 16
印　　　张	10
版　　　次	2019年11月第1版
印　　　次	2019年11月第1次印刷

标 准 书 号	ISBN 978-7-5713-0606-9
定　　　价	68.00元

图书如有印装质量问题，可随时向销售部调换（电话：022-87893668）。